“十三五”国家重点出版物出版规划项目
藏文信息处理技术

བོད་ཡིག་ཡིག་རྟགས་རང་འབྱེད།

——Pythonཡིས་སྒྲུབ་པ།

现代藏文字符自动分析

——Python 实现

高定国　李婧怡　王嘉文　编著

西南交通大学出版社
·成都·

图书在版编目（CIP）数据

现代藏文字符自动分析. Python 实现 / 高定国，李婧怡，王嘉文编著. —成都：西南交通大学出版社，2022.12

（藏文信息处理技术）

“十三五”国家重点出版物出版规划项目

ISBN 978-7-5643-9094-5

Ⅰ. ①现… Ⅱ. ①高… ②李… ③王… Ⅲ. ①软件工具－程序设计－应用－藏文－语言信息处理学 Ⅳ. ①TP311.561②TP391

中国版本图书馆 CIP 数据核字（2022）第 250679 号

“十三五”国家重点出版物出版规划项目

（藏文信息处理技术）

Xiandai Zangwen Zifu Zidong Fenxi

——Python Shixian

现代藏文字符自动分析

——Python 实现

高定国　李婧怡　王嘉文　编著

出 版 人　王建琼

责任编辑　李华宇

封面设计　墨创文化

出版发行　西南交通大学出版社

（四川省成都市金牛区二环路北一段 111 号

西南交通大学创新大厦 21 楼）

邮政编码　610031

发行部电话　028-87600564　028-87600533

网址　http://www.xnjdcbs.com

印刷　四川森林印务有限责任公司

成品尺寸　210 mm×285 mm

印张　15

字数　432 千

版次　2022 年 12 月第 1 版

印次　2022 年 12 月第 1 次

定价　72.00 元

书号　ISBN 978-7-5643-9094-5

前 言

Preface

算法设计与分析、程序设计与实现是计算机专业学生最主要和最重要的基本能力。为了跨越藏文字符分析的设想与计算机实现的鸿沟，培养学生算法设计与分析、程序设计与实现的基本能力，本书结合本人多年讲授“算法设计与分析”和“藏文信息处理基本原理与应用”课程的经验，在《现代藏文字符自动分析——Visual C++实现》的基础上，以藏文信息处理的知识为设计内容，以算法设计与分析为设计方法，保留原书“案例贯穿，规范设计”“循序渐进，层层深入”“案例详尽，步步指导”“拓展知识，轻松实现”等特点，采用目前热门语言 Python 实现案例改编而成。

本书分为藏文字符处理基础、藏文字符排序、藏文字符查找和藏文字符统计 4 篇，首先主要介绍算法概述、藏文字符的输入输出、全藏字的生成等藏文字符处理基础知识；其次以现代藏字构件识别为基础分别用插入排序、归并排序、堆排序、快速排序实现了藏文字符的排序；再运用查找算法实现了藏文编码转换、藏文的拉丁转写、《藏文数字编码方案》和藏汉电子词典的实现；最后实现了全藏字字符构件的静态统计、藏文多文本中构件的动态统计、基于字典的藏文音节动态统计、基于哈希表的藏文音节动态统计等藏文字符的统计。

本书共 16 章。高定国总体负责，规划、设计了各案例，审定了全书。李婧怡和王嘉文各完成了 8 章的案例，并撰写了相应的设计报告。本书在编写过程中得到了西藏大学信息科学技术学院各位领导、同仁的帮助，在此一并表示感谢。

本书是在国家自然科学基金项目（62166038）、西藏大学人才创新团队与实验室平台建设“计算机及藏文信息技术创新团队”和西藏大学人才发展激励计划“教学名师岗位”、2019 年国家级一流本科“计算机科学与技术”建设、2021 年度自治区一流课程建设等资助下取得的成果之一。

本书适用于藏文基础较好、计算机初步入门的人员，也适用于计算机基础较好、拟从事藏文信息处理的人员。本书可作为高等院校藏文信息技术、计算机科学与技术、电子信息技术等相关专业的高年级本科生或研究生的教材或参考书，也可作为从事藏文信息处理、自然语言处理、藏语计算语言学、数据挖掘和人工智能研究相关人员的参考书。

由于编著人员水平有限，加之时间仓促、缺乏参考资料，书中难免有不足之处，恳请广大读者批评指正。

高定国

2022 年 10 月

目 录
contents

第 1 篇　藏文字符处理基础

第 2 篇　藏文字符排序

第 3 篇 藏文字符查找

第 4 篇 藏文字符统计

第 1 篇　／藏文字符处理基础

》》》》》》

第 1 章 算法概述

一般来说，用计算机解决一个具体问题大致需要经过以下几个步骤：首先要从具体问题抽象出一个适当的数学模型，其次设计一个解此数学模型的算法，然后编出程序，最后对程序进行测试、调试直至得到最终解答①。可以看出，算法设计是计算机解决一个问题的核心。那什么是算法呢？

1.1 算法的概念

算法（Algorithm）②是指对解题方案准确而完整的描述，是一系列解决问题的清晰指令，代表着用系统的方法描述解决问题的策略机制。也就是说，算法能够实现对一定规范的输入，在有限时间内获得所要求的输出。算法中的指令描述的是一个计算，当其运行时能从一个初始状态和（可能为空的）初始输入开始，经过一系列有限而清晰定义的状态，最终产生输出并停止于一个终态。

1.2 算法的特征

一个算法应该具有以下 5 个重要的特征。

1. 有穷性（Finiteness）

算法的有穷性是指算法必须能在执行有限个步骤之后终止。

2. 确切性（Definiteness）

算法的每一步骤必须有确切的定义。

3. 输入项（Input）

一个算法有零至多个输入，以刻画运算对象的初始情况。所谓零个输入是指算法本身定出了初始条件。

4. 输出项（Output）

一个算法有一个或多个输出，以反映对输入数据加工后的结果。没有输出的算法是毫无意义的。

5. 可行性（Effectiveness）

算法中执行的任何计算步骤都是可以被分解为基本的可执行的操作步骤，即每个计算步骤都可以在有限时间内完成（也称之为有效性）。

1.3 算法分析

对于一个实际问题，通常可以提出若干个算法来解决。如何从这些可行的算法中找出最有效的

---

① 严蔚敏，吴伟民. 数据结构（C 语言版）[M]. 北京：清华大学出版社，2017.

② 钟志永，姚珺. 大学计算机应用基础[M]. 重庆：重庆大学出版社，2012.

算法呢？或者有了一个解决实际问题的算法后，如何来评价它的好坏呢？这些问题都需要通过算法分析来确定。评价算法性能的标准主要从算法执行时间和占用存储空间两个方面进行考虑，即通过分析算法执行所需要的时间和存储空间来判断一个算法的优劣①。算法分析就是对一个算法需要多少计算时间和存储空间作定量的分析②。

分析算法可以预测这一算法能在什么样的环境中有效的运行，能对解决同一问题的不同算法的有效性作出比较③。

1.3.1 时间复杂度

一个程序的时间复杂度是指程序运行从开始到结束所需要的时间。

1. 影响因素

一个算法是由控制结构（顺序、分支和循环 3 种）和原操作（固定数据类型的操作）构成的，其执行时间取决于两者的综合效果。为了便于比较同一问题的不同算法，通常的做法是：从算法中选取一种对于所研究的问题来说属于基本运算的原操作，以该原操作重复执行的次数作为算法的时间度量。一般情况下，算法中原操作重复执行次数是规模 n（即算法处理的数据量）的某个函数 $T(n)$。很多时候要精确地计算 $T(n)$ 是困难的，通过引入渐进时间复杂度在数量上估计一个算法的执行时间，也能够达到分析算法的目的④。

2. 计算方法

计算时间复杂度的时候，主要考虑算法中最高阶项的开销，只要找出算法中最高阶的复杂度，就可以忽略低阶和常数的复杂度。

这里引入数学符号“O”来估算算法时间复杂度，渐进时间复杂度的表示方法为

$$F(n)=O(g(n))$$

其定义为，若 $F(n)$ 和 $g(n)$ 是定义在正整数集合上的两个函数，则 $F(n)=O(g(n))$ 表示存在正的常数 c 和 n_0，使得当 $n \geqslant n_0$ 时，都满足 $0 \leqslant F(n) \leqslant cg(n)$。换句话说，就是这两个函数当整型自变量 n 趋于无穷大时，两者的比值是一个不等于 0 的常数。

当要计算某个算法的时间复杂度 $F(n)$ 时，可以找一个更简单的、阶数相同的简单算法 $g(n)$ 等同计算，这里的 $g(n)$ 是指替代函数，它具有和原算法一样更高阶复杂度。例如，一个程序的实际执行时间为 $T(n)=3n^3+43n^2+5\,342$，则 $T(n)=O(n^3)$。使用 O 记号表示的算法的时间复杂度，称为算法的渐进时间复杂度。

通常用 $O(1)$表示常数计算时间。常见的渐进时间复杂度之间的关系如下：

$$O(1)<O(\log_2 n)<O(n)<O(n\log_2 n)<O(n^2)<O(n^3)<O(2^n)$$

为了便于估算一个算法的时间复杂度，可以约定以下几条可操作的规则：

（1）读写单个常量或单个变量、赋值、算术运算、关系运算、逻辑运算等，计为一个单位时间。

（2）条件语句 if(C){s}的执行时间为（条件 C 的执行时间）+（语句块 s 的执行时间）。

（3）条件语句 if(C) s1 **else** s2 的执行时间为（条件 C 的执行时间）+（语句块 s1 和 s2 中执行时间最长的那个时间）。

---

① 程玉胜.数据结构与算法（C 语言版）[M]. 北京：中国科学技术大学出版社，2015.

② 程玉胜.数据结构与算法（C 语言版）[M]. 北京：中国科学技术大学出版社，2015.

③ 李长云，蒋鸿，刘强. 大学计算机[M]. 北京：北京航空航天大学出版社，2013.

④ 陈承欢.数据结构分析与应用实用教程[M]. 北京：清华大学出版社，2015.

（4）switch case 语句的执行时间是所有 case 子句中，执行时间最长的语句块的执行时间。

（5）访问一个数据的单个元素或一个结构体变量的单个元素只需要一个单位时间。

（6）执行一个 for 循环语句需要的时间等于执行该循环体所需要时间乘以循环次数。

（7）执行一个 while(C){s}循环语句或者执行一个 do{s} **while**(C)语句，需要的时间等于计算条件表达式 C 的时间与执行循环 s 的时间之和再乘以循环的次数。

（8）对于嵌套结构，算法的时间复杂度由嵌套最深层语句的执行次数决定。

（9）对于函数调用语句，它需要的时间包括两部分，一部分用于实现控制转移，另一部分用于执行函数本身。

1.3.2 空间复杂度

一个算法的空间复杂度是指程序从开始运行到结束所需的存储空间大小。程序的一次运行是针对所求解问题的某一特定实例而言的。程序运行所需要的存储空间主要包括两部分：

1. 固定部分

这部分空间与所处理数据的大小和个数无关，或者称与问题实例的特征无关，主要包括程序代码、常量、简单变量、定长成分的结构变量所占的空间。

2. 可变部分

这部分空间大小与算法在某次执行中处理的特定数据的大小和规模有关。例如 100 个数据元素的排序算法与 1 000 个数据元素的排序算法所需要的存储空间显然是不同的。

算法在运行过程中临时占用的存储空间随算法的不同而异。有的算法只需要占用少量的存储空间，并且不随问题规模的大小而改变；有的算法需要占用的存储空间数随着问题规模 n 的增大而增大，此时按照最坏情况来分析。

1.4 算法的表示方法

算法常用的表示方法有如下五种①：

（1）使用自然语言描述算法；

（2）使用流程图描述算法；

（3）使用伪代码描述算法；

（4）使用 N-S 图描述算法；

（5）使用程序描述算法。

下面以求解 sum=1+2+3+4+5+…+（n－1）+n 为例来介绍以上不同算法表示方法的应用。

1.4.1 使用自然语言描述算法

使用自然语言描述从 1 开始的连续 n 个自然数求和的算法如下：

（1）确定一个 n 的值；

（2）假设等号右边的算式项中的初始值 i 为 1；

（3）假设 sum 的初始值为 0；

---

① 软件开发技术联盟. C 语言自学视频教程[M]. 北京：清华大学出版社，2014.

（4）如果 i≤n 时，执行⑤，否则转出执行⑧；
（5）计算 sum 加上 i 的值，并重新赋值给 sum；
（6）计算 i 加 1，然后将值重新赋值给 i；
（7）转去执行④；
（8）输出 sum 的值，算法结束。

使用自然语言描述算法的方法虽然比较容易掌握，但是当算法中分支或循环较多时很难表述清楚，另外，使用自然语言描述算法也很容易造成歧义（称之为二义性）。

1.4.2 使用流程图描述算法

流程图（Flow Chart）[①]：以特定的图形符号（如表 1-1 流程图符号定义）加上说明来表示算法的图。

表 1-1 流程图符号定义

符号	含义	符号	含义	符号	含义	符号	含义
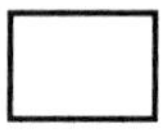	过程		多文档	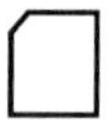	卡片		存储数据
	可选过程		终止		资料带		延期
	决策	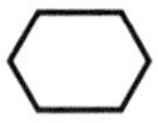	准备		汇总连接		顺序访问存储器
	数据	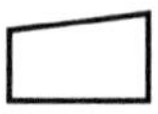	手动输入		或者	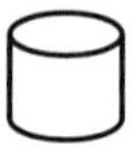	磁盘
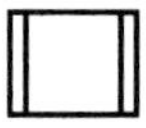	预定义过程		手动操作		对照	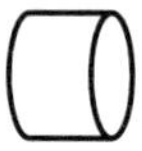	直接访问存储器
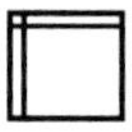	内部存储	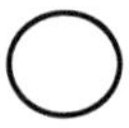	接点		排序		显示
	文档		离页连接符		摘录		合并

使用流程图描述从 1 开始的连续 n 个自然数求和的算法如图 1-1 所示。

① 林小茶，陈昕. C 程序设计教程[M]. 3 版. 北京：清华大学出版社，2018.

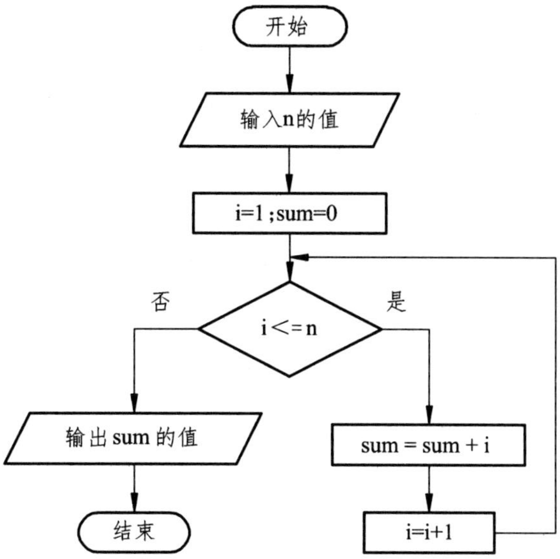

图 1-1 自然数求和的流程图

从上面这个算法流程图中可以比较清晰地看出求解问题的执行过程。

流程图的优点在于形象直观，各种操作一目了然，不会产生“歧义性”，便于理解。算法出错时也容易发现，并可以直接转化为程序，所以在算法设计中被广泛地应用。流程图的缺点在于绘制复杂，所占篇幅较大，又由于允许使用流程线，过于灵活、不受约束，使用者可使流程任意转向，从而造成程序阅读和修改上的困难，不利于结构化程序的设计。

无论是使用自然语言还是使用流程图描述算法，仅仅是表述了编程者解决问题的一种思路，都无法被计算机直接接受并执行操作。

1.4.3 使用伪代码描述算法

伪代码是一种用来书写程序或描述算法时使用的非正式、透明的表述方法。伪代码通常采用自然语言、数学公式和符号来描述算法的操作步骤，同时采用计算机高级语言（如 C、Pascal、VB、C++、Java、Python 等）的控制结构来描述算法步骤的执行过程。

使用伪代码描述从 1 开始的连续 n 个自然数求和的算法如下：

```
算法开始
输入 n 的值
i ← 1   # 为变量 i 赋初值
sum ← 0   # 为变量 sum 赋初值
while i<=n   # 当变量 i<=n 时，执行下面的循环语句
    sum ← sum + i
    i ← i + 1
输出 sum 的值
算法结束
```

1.4.4 使用 N-S 图描述算法

N-S 图也被称为盒图或 CHAPIN 图。1973 年，美国学者 I. Nassi 和 B. Shneiderman 提出了一种流程图形式：在流程图中完全去掉流程线，将全部算法写在一个矩形框内，在框内还可以包含其他

框，即由一些基本的框组成一个大的框。这种流程图又称为 N-S 结构流程图（以两个人名字的头一个字母组成）[①]。

使用 N-S 图描述从 1 开始的连续 n 个自然数求和的算法如图 1-2 所示。

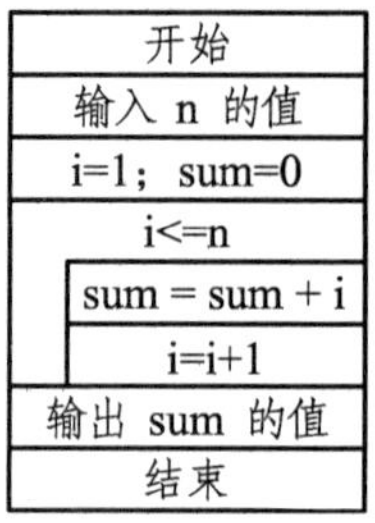

图 1-2　自然数求和的 N-S 图

1.4.5　使用程序描述算法

程序是为实现特定目标或解决特定问题而用计算机语言编写的命令序列的集合。

使用程序语言描述从 1 开始的连续 n 个自然数求和的算法如下：

```
if __name__ == '__main__':
    n = input()
    n = int(n)
    i = 1
    sum = 0
    while i <= n:
        sum += i
        i += 1
    print(sum)
```

1.5　算法的实现

1.5.1　程序

计算机程序（Computer Program）是运行于电子计算机上，满足人们某种需求的信息化工具。它以某些程序设计语言编写实现，运行于某种目标结构体系上。一般的计算机程序要经过编译、链接而成为人难以解读，但可轻易被计算机所解读的数字格式，然后才能运行。

软件开发流程即软件设计思路和方法的一般过程，包括对软件进行需求分析，设计软件的功能和实现的算法和方法，软件的总体结构设计和模块设计，编码和调试，程序联调和测试，以及运维、升级、报废处理等一系列操作，用以满足客户的需求并解决客户的问题。

1.5.2　Python 简介

Python 是一种简单易学、功能强大的编程语言。它具有高效率的数据结构，能简单有效地实现面向对象编程。Python 简洁的语法和对动态输入的支持，加上解释性语言的本质，使得它在大多数

① 林道森，古辉. 一种基于程序理解的 N-S 图生成算法[J]. 计算机工程，2012，15：286-289.

平台上的许多领域中都是一个理想的脚本语言，适用于快速的应用程序开发①，应用范围广。

Python 由 Guido Van Rossum 于 1990 年推出，可以在所有主流的硬件平台和操作系统上运行。Python 为软件生命周期的每个阶段都提供了很好的支持。近几年来，Python 的用户在不断增多，并渗透到了每一种开发环境中。

Python 具有以下特点：

（1）易于学习：Python 关键字少、结构明晰、语法简单，容易学习。

（2）易于阅读：Python 代码清晰，便于阅读。

（3）易于维护：Python 的源代码容易维护。

（4）广泛的标准库：Python 具有丰富的库，并且这些库支持跨平台，在 UNIX、Windows 和 Macintosh 上兼容性好，便于开发。

（5）互动模式：支持互动模式，可以从终端输入执行代码并获得结果，也可以互动地测试和调试代码片段。

（6）移植性强：基于开放源代码使用 Python 可以被移植到许多平台。

（7）可扩展：Python 程序可以调用 C 或 C++等完成的程序。

（8）多数据库支持：Python 提供了所有主要商业数据库的接口。

（9）GUI 编程：Python 支持 GUI 创建，并可移植到许多其他系统进行调用。

（10）可嵌入：可以将 Python 嵌入 C/C++程序中，让用户“脚本化”地应用。

1.5.3 变量命名规则

变量命名时，变量名首字母必须为字母(a ~ z，A ~ Z)和下划线(_)，其余部分由字母(a ~ z，A ~ Z)、数字(0 ~ 9)、下划线(_)组合而成，字母之间不能包含空格，也不能使用编程语言的保留字。

1. 经典变量命名规则

1）匈牙利命名法

该命名法是在每个变量名的前面加上若干表示数据类型的字符。基本原则是：

变量名=属性+类型+对象描述

例如，i 表示 int，所有以 i 开头的变量名都表示 int 类型，s 表示 String，所有以 s 开头的变量名都表示 String 类型变量。

属性部分常用的有：全局变量 g_；常量 c_；C++类成员变量 m_；静态变量 s_等。

类型部分常用的有：指针 p；函数 fn；无效 v；句柄 h；长整型 l；布尔 b；浮点型（有时也指文件）f；双字 dw；字符串 sz；短整型 n；双精度浮点 d；计数 c（通常用 cnt）；字符 ch（通常用 c）；整型 i（通常用 n）；字节 by；字 w；实型 r；无符号 u；等等。

对象描述部分常用的字符有：最大 Max；最小 Min；初始化 Init；临时变量 T（或 Temp）；源对象 Src；目的对象 Dest；等等。

2）骆驼命名法

骆驼命名法正如它的名称所表示的那样，是指混合使用大小写字母来构成变量和函数的名字。驼峰命名法跟帕斯卡命名法相似，只是首字母为小写，如 userName。因为看上去像驼峰，因此而得名。

3）帕斯卡命名法

帕斯卡命名法（即 pascal 命名法）与骆驼命名法相似，只是首字母大写，如 UserName,常用在类的变量命名中。

---

① 程胜，杨萍. Python 技术手册[M]. 2 版. 北京：人民邮电出版社，2010.

2. 命名共性规则

被大多数程序员采纳的命名共性规则总结如下①：

（1）标识符应当直观且可以拼读，做到望文知义。

标识符最好采用英文单词或其组合，便于记忆和阅读，切忌使用汉语拼音来命名。程序中的英文单词一般不应太复杂，用词应当准确。

（2）标识符的长度应当符合“min-length && max-information”原则。

（3）命名规则尽量与所采用的操作系统或开发工具的风格保持一致。

Windows 应用程序的标识符通常采用“大小写”混排的方式，如 AddChild；而 Unix 应用程序的标识符通常采用“小写加下划线”的方式，如 add_child。不能把这两类风格混在一起用。

（4）程序中不应出现仅靠大小写区分的相似标识符。

例如：

```
int x, X; //变量 x 与 X 容易混淆
```

（5）程序中不应出现标识符完全相同的局部变量和全局变量，尽管两者因作用域不同不会发生语法错误，但会使人误解。

（6）变量的名字应当使用“名词”或者“形容词 + 名词”。

例如：

```
float value;
float oldValue;
float newValue;
```

（7）全局函数的名字应当使用“动词”或者“动词 + 名词”（动宾词组）。类的成员函数名字应当只使用“动词”，被省略掉的名词就是对象本身。

例如：

```
DrawBox(); // 全局函数
box->Draw(); // 类的成员函数
```

（8）用正确的反义词组命名具有互斥意义的变量或相反动作的函数等。

例如：

```
int minValue;
int maxValue;
```

（9）尽量避免名字中出现数字编号，如 Value1,Value2 等，除非逻辑上的确需要编号。

3. Python 程序命名规则②

（1）模块名尽量短小，并且全部使用小写字母，可以使用下划线。例如：game_main、game_register、bmiexponent 等。

（2）包名尽量短小，并且全部使用小写字母，不推荐使用下划线。例如：com.mingrisoft、com.mr、com.mr.book 等。

（3）类采用单词首字母大写形式。

例如：

```
class ClassName():
    pass
```

---

① C++变量命名规则[EB/OL]. http://www.cnblogs.com/finallyliuyu/archive/2010/09/25/1834301.html.

② 李军，刘红伟. Python 学习手册[M]. 4 版. 北京：机械工业出版社，2011.

（4）模块内部的类由下划线“_”+Pascal 风格的类名组成。

例如：

```
class _BorrowBook():
    pass
```

（5）函数、类的属性和方法的命名规则同模块的类似，也全用小写字母，多个字母间用下划线“_”分隔。

例如：

```
def function():
    pass
def function_name():
    pass
```

（6）常量命名全采用大写字母，可以使用下划线。

例如：

```
PAI = 3.14
MAX_CONNECTION = 100
```

（7）受保护的模块变量或者函数使用单下划线“_”开头。这些变量和函数从模块中导入时不能使用 from xxx **import** * 语句。

（8）类私有的实例变量或方法使用双下划线“_ _”开头。

例如：

```
def _ _pravite_func():
    pass
```

第2章 藏文字符的输入输出

2.1 问题描述

计算机处理字符的过程可以简单地表示为图2-1所示框图。

图2-1 计算机处理字符的简单过程

计算机处理字符时，需要考虑如何把藏文字符输入计算机中、计算机中如何存储输入的数据、计算机对数据应进行怎样的处理、如何实现该处理、数据的处理结果又如何存储、存储的数据如何输出、输出到哪里等一系列问题。对藏文字符的处理也是如此。

藏文字符是拼音性文字，由藏文字符构件组成，每个构件在计算机中由一个编码表示。本章完成一个按照藏文字符的编码输出所有的藏文字符构件的案例。

2.2 问题分析

2.2.1 理论依据

1. 藏文字符构件在计算机中的存储方式

BMP（位图）平面中采用双八位编码①，其中第一个八位表示该字符所在的行，第二个八位表示该字符所在的位。藏文字符以拼音文字的方式进入UCS（Universal Character Set，通用字符集）中BMP平面的A区。Unicode10.0收录的藏文字符的编码位于BMP的0F行的00位到DA位（0F00～0FDA），共211个字符，如图2-2所示。

从图2-2可以看出，每个字符由表中列的三个十六进制数与行的一个十六进制数构成双八位的编码来表示，例如：ༀ的编码由第一列的0F0和第一行的0构成0F00，其意义是该字符处于基本平面0F行的00位上。

Unicode 10.0收录的藏文字符的编码从0F00到0FDA，共211个。其中包括辅音字符、元音符号、变音符号、数字符号、标点符号和一些其他符号。所有的藏文字符都在Unicode的0F行，从0F00开始，以十六进制表示，下一个字符的编码在当前字符编码上加1得到。虽Unicode 10.0中收录的藏文字符构件只有211个，但其中有8个空编码点，所以输出时要循环219次，即从第一个编码依次累加219次。

① 高定国，珠杰.藏文信息处理的原理与应用[M].成都：西南交通大学出版社，2014.

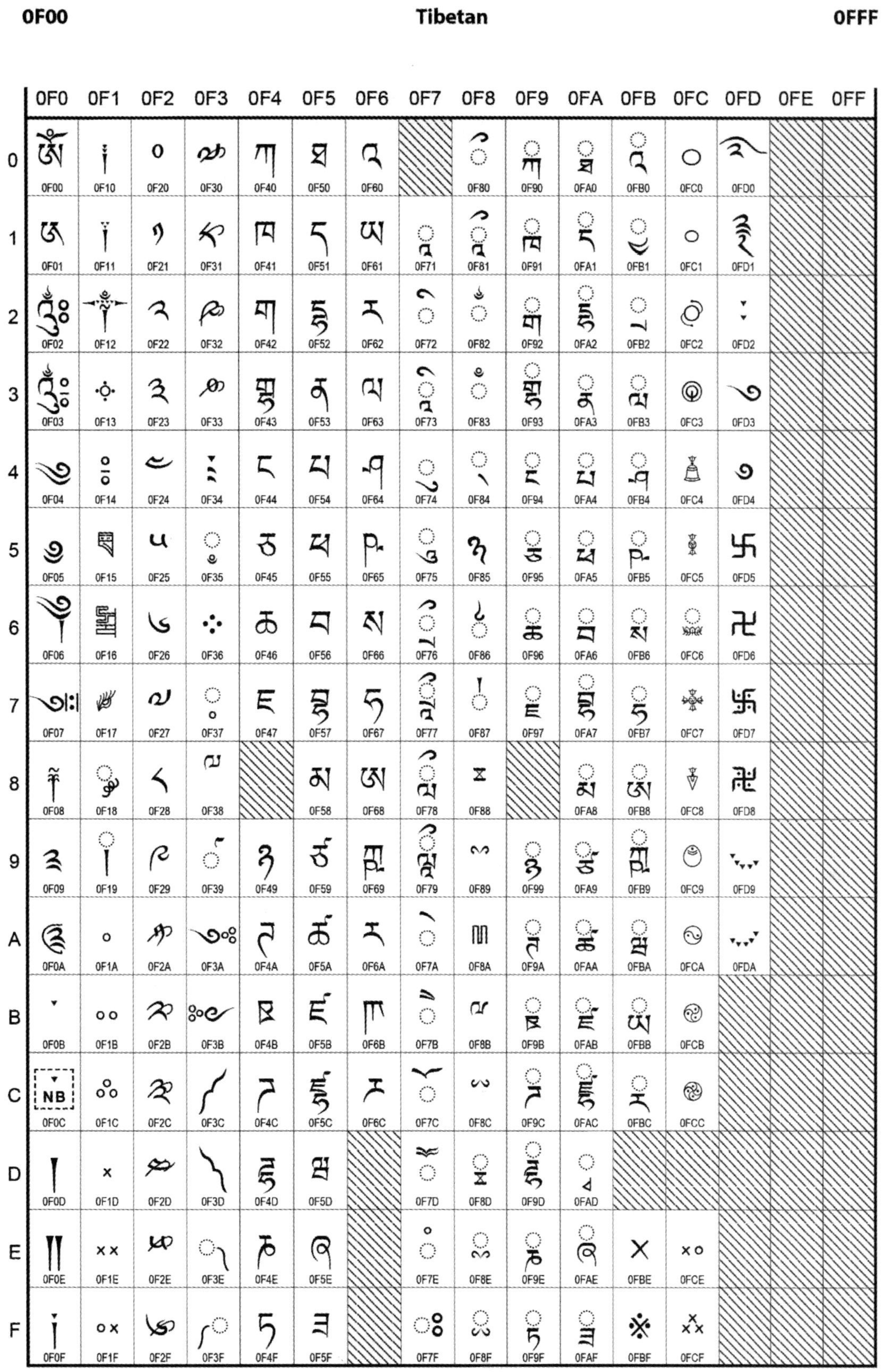

图 2-2 Unicode 10.0 中藏文基本集的编码

2. 控制台应用程序

编写的程序必须以一种方式存在，或称为一种平台，比如有控制台、对话框、单文档、多文档等。

所谓的控制台应用程序，就是能够运行在MS-DOS环境中的程序。控制台应用程序通常没有可视化的界面，只是通过字符串来显示或者监控程序。控制台程序常常被应用在测试、监控等用途，用户往往只关心数据，不在乎界面。

3. 读写Unicode文本文件的操作

藏文字符在计算机中用Unicode（统一码）来表示，用计算机操作藏文字符的前提是要掌握计算机操作Unicode的相关语法。

1）以不同的方式打开文件

Python语言读写都可以通过open函数来实现，其中mode参数用于控制打开方式，open的函数原型为①

handle = open(file, mode = ‘r’)

name 变量存储拟打开的文件的字符串名，mode存储读写文件的方式，如r表示读取，w表示写入，a表示添加，+表示读写，b表示二进制访问，如表2-1所示。如果mode缺省则其默认值为r。如果open()成功则返回一个文件对象句柄。后续所有的文件操作都必须通过此文件句柄进行。当一个文件对象句柄返回之后就可以访问它的一些方法，如readlines()、close()等。文件对象的方法属性也必须通过句点属性标识法访问。

表2-1 open函数mode参数的说明

mode	参数的说明
t	文本模式（默认）
x	写模式，新建一个文件，如果该文件已存在则会报错
b	二进制模式
+	打开一个文件进行更新（可读可写）
r	以只读方式打开文件。文件的指针将会放在文件的开头，也是默认模式
rb	以二进制格式打开一个只读文件。文件指针将会放在文件的开头。这是默认模式，一般用于非文本文件（如图片等）
r+	打开一个文件用于读写。文件指针将会放在文件的开头
rb+	以二进制格式打开一个文件用于读写。文件指针将会放在文件的开头，一般用于非文本文件（如图片等）

① 宋吉广. Python核心编程[M]. 2版. 北京：人民邮电出版社，2008.

续表

mode	参数的说明
w	打开一个文件只用于写入。如果该文件已存在则打开文件，并从头开始编辑，即原有内容会被删除；如果该文件不存在则会创建新文件
wb	以二进制格式打开一个文件只用于写入。如果该文件已存在则打开文件，并从头开始编辑，即原有内容会被删除；如果该文件不存在则会创建新文件。一般用于非文本文件（如图片等）
w+	打开一个文件用于读写。如果该文件已存在则打开文件，并从头开始编辑，即原有内容会被删除；如果该文件不存在则会创建新文件
wb+	以二进制格式打开一个文件用于读写。如果该文件已存在则打开文件，并从开头开始编辑，即原有内容会被删除；如果该文件不存在则会创建新文件。一般用于非文本文件（如图片等）
a	打开一个文件用于追加。如果该文件已存在，文件指针将会放在文件的结尾，新的内容将会被写入已有内容之后；如果该文件不存在则会创建新文件进行写入
ab	以二进制格式打开一个文件用于追加。如果该文件已存在，文件指针将会放在文件的结尾，新的内容将会被写入已有内容之后；如果该文件不存在则会创建新文件
a+	打开一个文件用于读写。如果该文件已存在，文件指针将会放在文件的结尾。文件以追加模式打开；如果该文件不存在则会创建新文件
ab+	以二进制格式打开一个文件用于追加。如果该文件已存在，文件指针将会放在文件的结尾；如果该文件不存在则会创建新文件

2）读文件

读取一行数据：readline()。

3）写文件

写入一行数据：write()。

4）关闭文件

关闭 file 对象：close()。

5）with 关键词

with 所求值的对象必须有一个 enter()方法，一个 exit()方法。

紧跟 with 后面的语句被求值后，返回对象的__enter__()方法被调用，这个方法的返回值将被赋值给 as 后面的变量。当 with 后面的代码块全部被执行之后，将调用前面返回对象的 exit()方法。

例如：

```
with open(*) as file:
    file.readline()
```

等价于:

```
file = open(*)
try:
    data = file.readline()
finally:
    file.close()
```

6）range 函数

range 是 python 中的一个内置函数，用于生成一系列连续的整数，创建一个整数列表，一般用在 **for** 循环中。

range(start, stop[, step])

start: 计数从 start 开始。默认从 0 开始。

stop: 计数到 stop 结束，但不包括 stop。

step：步长，默认为 1。

4. 类型转换

表示藏文字符的 Unicode 值虽然是十六进制的数字，但表示了字符，在计算机中其类别为字符类型。在程序中拟用 Unicode 编码每次加 1 进行数字运算，字符类型需要转换为数字类型，得到的数字值之和又需转换为字符类型输出，故需要进行类型的转换。

Python 中，chr ()函数[①]用一个范围在 range(256)内的（0 ~ 255）整数做参数，返回一个对应的字符 unichr()跟它一样，只不过返回的是 Unicode 字符。从 Python2.0 后才加入了 unichr()的参数范围，并依赖于 Python 的编译方式。如果是配置为 USC2 的 Unicode，那么允许范围是 range(65536)或者说 0x0000 ~ 0xFFFF；如果配置为 UCS4，那么允许范围是 range(1114112)或者 0x000000 ~ 0x110000。提供的参数不在允许的范围内，系统会报一个 ValueError 的异常。

ord()函数是 chr()函数（对于 8 位的 ASCII 字符串）或 unichr()函数（对于 Unicode 对象）的配对函数，以一个字符（长度为 1 的字符串）作为参数，返回对应的 ASCⅡ数值，或者 Unicode 数值。如果所给的 Unicode 字符超出了 Python 定义的范围，则会出现 TypeError 的异常。

注意：Python3 没有 unichr 函数，因为 Python3 取消了 unicode 类型统一为 string 类型，chr 函数的返回值也是 string 类型，unichr 函数的返回值是 unicode 类型。

2.2.2 算法思想

本案例的算法思想：

（1）存储藏文 Unicode 的第一个编码；

（2）按照 Unicode 编码的连续性，通过累加分别得到每个藏文字符的 Unicode 字符编码的数字；

（3）把每个藏文字符的 Unicode 编码转换为对应字符输出到文件。

2.3 算法设计

2.3.1 存储空间

Python 中基本数据类型和其他的语言占用的内存空间大小有很大差别。字符数据类型一般用可以存储文本类型数据的 string 表示。

可以定义一个 TibetanUnicodeChar 来存储第一个藏文 Unicode 字符对应十六进制的值。

2.3.2 流程图

本程序的流程图很简单，主函数的流程如图 2-3 所示。

---

① 宋吉广. Python 核心编程[M]. 2 版. 北京：人民邮电出版社，2008.

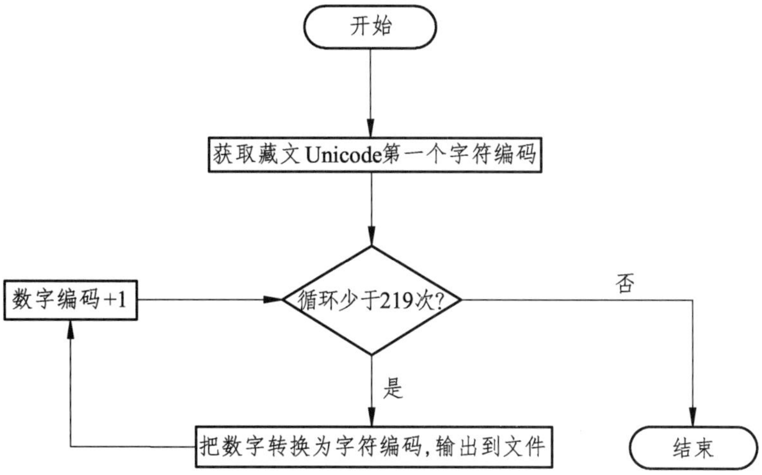

图 2-3　主函数流程图

2.3.3　伪代码

```
赋值第一个藏文字符编码对应的十六进制数给 TibetanUnicodeChar
创建打开可写的文件
for i in range(219):
    向文件中写入(TibetanUnicodeChar+1)的对应字符
```

2.4　程序实现

2.4.1　编译环境

1. Jupyter Notebook 平台

Jupyter Notebook 是一个以网页的形式打开，在网页中直接编写和运行代码，运行结果直接在代码块下方显示的 Web 交互式编译平台。如果在编程过程中需要编写说明文档，也可在同一个页面中直接编辑，便于及时说明和解释。

要使用 Jupyter Notebook 平台，需要安装 Anaconda3 软件，可从官网下载。

2. 新建项目

（1）从“开始”菜单启动 Anaconda Prompt (Anaconda3)。

（2）在控制台中选定目标工作文件夹，输入指令打开“Jupyter Notebook”，如图 2-4 所示。

图 2-4　启动 Jupyter

（3）点击软件菜单【New】中的【Python 3】命令完成项目新建，如图 2-5 所示。

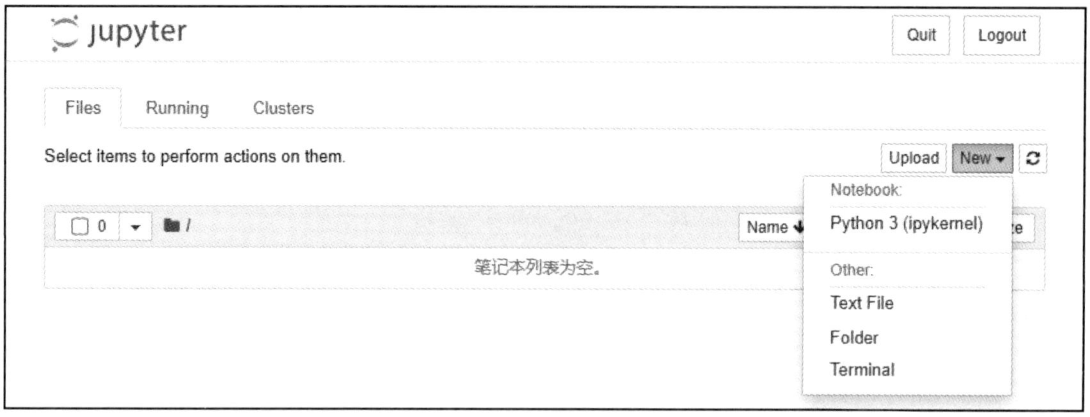

图 2-5　新建项目

（4）项目创建完成，如图 2-6 所示。

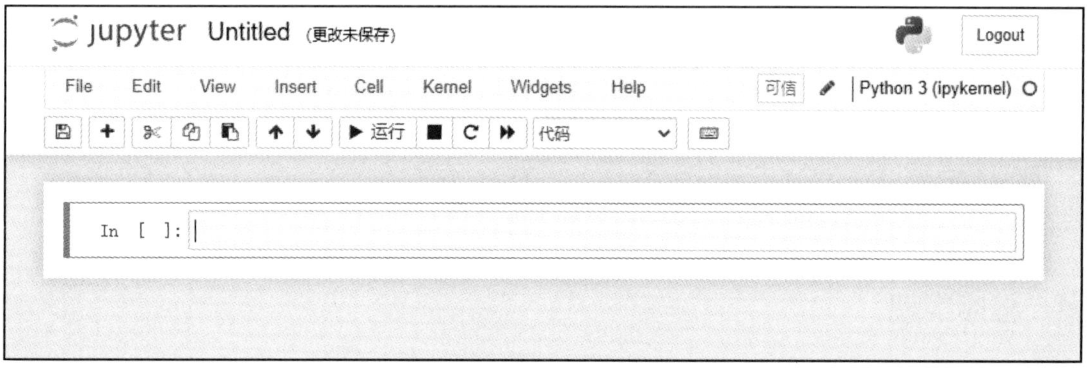

图 2-6　项目创建完成

（5）添加代码。

2.4.2　代码

在文件中添加相应的代码：

```
TibetanUnicodeChar=0x0F00

if __name__ == '__main__':
    with open('TibetanUnicode.txt','w+',encoding='utf-8') as file:
        for i in range(219):
            file.write(chr(TibetanUnicodeChar+i)+'\n')
```

注：本书代码中无底纹的表示程序是自动生成的，有底纹的表示是人工编辑的。

2.4.3　代码使用说明

如果输出文件按照程序中的位置和名称已创建，则程序会打开该文件进行写入，如果没有创建，则程序会在指定的位置创建文件并写入数据。

程序运行结束后找到输出文件所在的目录，打开文件查看结果。

2.5 运行结果

运行以上程序后,在项目文件目录下生成了 Unicode 中所有编码对应的藏文字符,输出结果如图 2-7 所示。

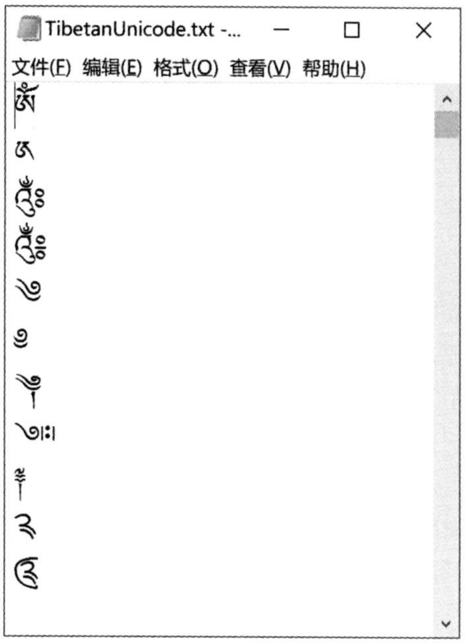

图 2-7 运行结果

2.6 算法分析

2.6.1 时间复杂度分析

该算法最多在 for 循环中运行 219 次，所以时间复杂度为 $O(1)$。

2.6.2 空间复杂度分析

程序中藏文字符与数字转换后，用一个整数变量类型存储了藏文字符转换后的数字，空间大小可以通过 sys 库中的 getsizeof()方法获得。而算法中只存储了一个十六进制整数，因此只需要 28（Byte）的存储空间，即 $O(1)$。

第 3 章 全藏字的生成

3.1 问题描述

藏文字符是拼音性文字，现代藏字由 30 个辅音字母和 4 个元音符号（简称为元音）拼写组合而成，既可以前后书写，还可以上下叠加，构成二维的平面文字。现代藏字均以一个称为“基字”的辅音字母为核心，通过前后添加和上下叠加，组成一个完整的字符结构。除“基字”外每个构件的称谓根据加在“基字”的部位而得名，即加在基字前的字母叫“前加字”，加在基字上的字母叫“上加字”，加在基字下的字母叫“下加字”，加在基字后的字母叫“后加字”，后加字之后再添加的字母叫“再后加字”或“重后加字”①。现代藏文文法对藏文字符构成藏字不仅有数量的约束（一个藏字由 1 ~ 7 个字符构成），而且还严格限制每个构件的使用。所以，符合藏文文法的所有藏文字符（全藏字）组成的集合是一个封闭的集合，按照藏文文法就能生成全藏字集。本章依据藏文文法生成符合文法拼写规则的所有藏文字符。

3.2 问题分析

3.2.1 理论依据

1. 全藏字生成的理论

有关藏字的数量问题，才旦夏茸先生在《藏文文法详解》②中也给定了一个数量，该数量的依据如表 3-1 所示。

表 3-1 《藏文文法详解》中藏字个数的依据

序号	来源	注解	数量	累计数量
1	གསལ་བྱེད།	30 个辅音字母	30	30
2	ར་མགོ་ཅན། ལ་མགོ་ཅན། ས་མགོ་ཅན། ཡ་སྟ། ར་སྟ། ལ་བཏགས་སོགས་ཉིས་བརྩེགས་ཅན་ང་བདུན།	上加字+基字，基字+下加字构成 2 层的字符	57	87
3	སུམ་བརྩེགས་ཅན་བཅུ་བཞི།	上加字+基字+下加字 3 层字符	14	101
4	གས་འཕུལ་བཅུ་གཅིག ད་འཕུལ་དྲུག བས་འཕུལ་བཅུ། མས་འཕུལ་བཅུ་གཅིག འས་འཕུལ་བཅུ། རྒྱང་འཕུལ་ཞེ་བརྒྱད།	前加字+基字	48	149

① 高定国，珠杰.藏文信息处理的原理与应用[M].成都：西南交通大学出版社，2014.

② ཚེ་ཏན་ཞབས་དྲུང་། བོད་གངས་ཅན་གྱི་སྐད་རིག་པའི་བསྟན་བཅོས་ལེ་ཚན་འགའ་ཕྱོགས་བསྡུས་བཞུགས་སོ། ཟི་ལིང་། མཚོ་སྔོན་མི་རིགས་དཔེ་སྐྲུན་ཁང་།༢༠༠༣། [才旦夏茸.藏文文法详解（藏文）[M]. 西宁：青海民族出版社，2003.]

续表

序号	来源	注解	数量	累计数量
5	ད་འཕུལ་ཡ་ར་བཏགས་ཅན་དགུ། བས་འཕུལ་ར་མགོ་ཅན་བཅུ། བས་འཕུལ་ལ་མགོ་ཅན་གཉིས། བས་འཕུལ་ས་མགོ་ཅན་བརྒྱད། བས་འཕུལ་ཡ་བཏགས་ཅན་གཉིས། བས་འཕུལ་ར་སྣ་ཅན་གསུམ། བས་འཕུལ་ལ་བཏགས་ཅན་བཞི། བས་འཕུལ་སུམ་བརྩེགས་ཅན་དྲུག མས་འཕུལ་ཡ་ར་འདོགས་ཅན་བཞི། འས་འཕུལ་ཡ་ར་འདོགས་ཅན་དགུ། བརྩེགས་འདོགས་ཅན་འཕུལ་བ་ང་བདུན།	前加字+基字+下加字，前加字+上加字+基字	57	206
6	ལུས་ཀྱི་ཡི་གེ་༢༠༦ལ་དབྱངས་བཞི་འདོགས་པ།	以上 206 个字符作为基础，分别添加 4 个元音（206×4）	824	1 030
7	འ་མཐའ་དོར་བའི་རྗེས་འཇུག་དགུ	以上字符添加 9 个后加字（除去 འ）（1 030×9）	9 270	10 300
8	རྗེས་འཇུག་ག་ང་བ་མ་བཞིར་ས་དྲག་ཐོབ་པ།	带再后加字 ས 的字符（1 030×4）	4 120	14 420
9	རྗེས་འཇུག་ན་ར་ལ་གསུམ་ལ་ད་དྲག་ཐོབ་པ།	带再后加字 ད 的字符（1 030×3）	3 090	17 510
10	ཝ་བཏགས་བཅུ་གཉིས་ལ་ཙྭ་ཕྱྭ་གྲྭ་གསུམ་བསྣན།	带下加字 ཝ 的 15 个	15	17 525
11	དབྱངས། དབུ་ཁྱུད། ཤད། ཚེག	4 个元音、起头符号、单垂符号、隔字符	7	17 532

通过表 3-1 可知，才旦夏茸先生指出了藏文的全集字符数应该是 17 532，这不仅给出了构成藏字全集的过程，还给出了每种构字方式中的数量。详细分析后可以发现该统计的一些不足：

（1）基础字符添加后加字时，直接添加了除 འ 以外的 9 个后加字，但在“前加字+基字”中把类似于 དག 的字符统计到数据中，这些字生成时，“前加字+基字”的 48 种字符后面都可以加字符 འ，需要进行重新处理。

（2）该数据中带下加字 ཝ 的只有 15 个，类似于 དྭངས 的字符没有被统计到该数据中。按照构字规则，元音的添加、后加字的添加不受被添加字符的限制，使得 15 个字符都应该是可以添加元音与后加字的，这 15 个字符添加 4 个元音构成 60 个字符；该 60 个字符与前面的 15 个字符添上 9 个后加字共有 675 个字符；可添加再后加字 ས 的字符应该有（60+15）×4=300 个，可添加后加字 ད 的应该有（60+15）×3=225 个；这样就多出来了 60+675+300+225=1 260 个。

2. 列表

列表是 Python 语言提供的最通用的序列，是一个任意类型的对象与位置相关的有序集合。列表没有固定的大小，不像字符串，其大小是可变的，它通过对偏移量进行赋值以及其他各种列表的方法进行调用，能够修改其大小①。

在 Python 中创建一个列表时，解释器会在内存中创建一个类似数组的数据结构来存储数据。数据项自下而上堆放（形成一个堆栈），堆栈中的第一个编标号为 0，第二个槽编号为 1，第 3 个槽编号为 2，以此类推②。

列表主要有以下特性：

① （美）鲁特兹（Lutz M）. Python 学习手册[M]. 李军，刘红伟，等，译. 4 版. 北京：机械工业出版社，2011.
② Paul Barry.Head First Python（中文版）[M]. 北京：中国电力出版社，2018.

（1）创建一个列表，只需要把以逗号为分隔符的不同数据项使用方括号括起来即可。

（2）列表的数据可以有多种类型。

（3）列表是可变序列。

（4）与字符串的索引一样，列表索引从 0 开始。可以通过切片进行截取、组合等操作。

（5）可以利用 for 循环直接调取列表中的元素。

Python 列表使用示例：

（1）创建列表：

```
>>> list1 = [ '现代藏文字符自动分析', 2022, ['列表'] ]    #创建列表
>>> list1
```

程序运行结果：

```
['现代藏文字符自动分析', 2022, ['列表']]
```

（2）向列表中添加元素：

```
>>> list1.append(0)    #向列表中添加元素
>>> list1
```

程序运行结果：

```
['现代藏文字符自动分析', 2022, ['列表'], 0]
```

（3）截取列表中的元素并赋值给另一变量：

```
>>> list2 = list1[1:3]    #截取列表中的元素并赋值给另一变量
>>> list2
```

程序运行结果：

```
[2022, ['列表']]
```

（4）打印列表中的各元素：

```
>>> for val in list2:
        print(val)
```

程序运行结果：

```
2022
['列表']
```

3.2.2 算法思想

才旦夏茸先生在《藏文文法详解》中给出的藏文字符统计数量虽有待商榷，但给了很好的生成全藏字的方法。按该方法可设计算法的思想如下：

（1）生成基础字（ལུས་ཀྱི་ཡི་གེ）。把基字、上加字+基字、基字+下加字、前加字+基字、上加字+基字+下加字、前加字+基字+下加字、前加字+上加字+基字、前加字+上加字+基字+下加字作为基础字，一共 221 个（表 3-1 中 206 个字符加 15 个带 ◌ྭ 的字符）。

（2）221 个基础字与 4 个元音组合构成 221×4=884 个基础字带元音的音节。

（3）221 个基础字与 884 个带元音的基础字都可以加后加字，合并到一个包括 221+884=1 105 个字符的数组中。

（4）1 105 个字符与 9 个后加字生成 9 945 个带后加字的音节。

（5）1 105 个字符选择 4 个后加字加再后加字“ས”，得到 1 105×4=4 420 个有再后加字为“ས”的藏文音节。

（6）1 105 个字符选择 3 个后加字加再后加字“ད”得到 1 105×3=3 315 个字符，总共 18 785 个藏文音节。

（7）该数据中有“前加字+基字”的 48 个字符，不能单独构成音节，但在第（4）步中只添加了除 འ 以外的 9 个后加字，而从藏文全集中删掉“前加字 + 基字”的 48 个字符，添加“前加字+基字+འ”的 48 个字符，字符总数不变，仍然是 18 785 个藏文音节。

3.3 算法设计

3.3.1 存储空间

设置一个名为“words_18785”的列表用于存放所生成的藏文音节。words_18785 定义一个 2 维列表，其中第 1 维的 words_18785[0]中存储“基础字”；words_18785[1]中存储“基础字 + 元音”；words_18785[2]中存储“基础字 + 后加字”和“基础字 + 元音 + 后加字”；words_18785[3]中存储“基础字+后加字”和“基础字+元音+后加字”分别添加再后加字（ས 或 ད）后的数据。words_18785 第 2 维长度不定，分别用于存储第 1 维每一维对应的数据。

（1）words_18785[0]：存放 221 个基础字。

（2）words_18785[1]：存放 884（221×4）个结构为“基础字 + 元音”的藏文音节。

（3）words_18785[2]：存放 9 945 [(221+884)×9=9 945] 个结构为“基础字 + 后加字”以及“基础字 + 元音 + 后加字”的藏文音节。

（4）words_18785[3]：存放 7 735 [(221+884)×7=7 735] 个在（3）基础上分别添加它们能够添加的再后加字（ས 或 ད），组成的结构为“基础字+后加字+再后加字”的藏文音节。

3.3.2 流程图

按照上述的算法设计思想，设计的算法流程如图 3-1 所示。

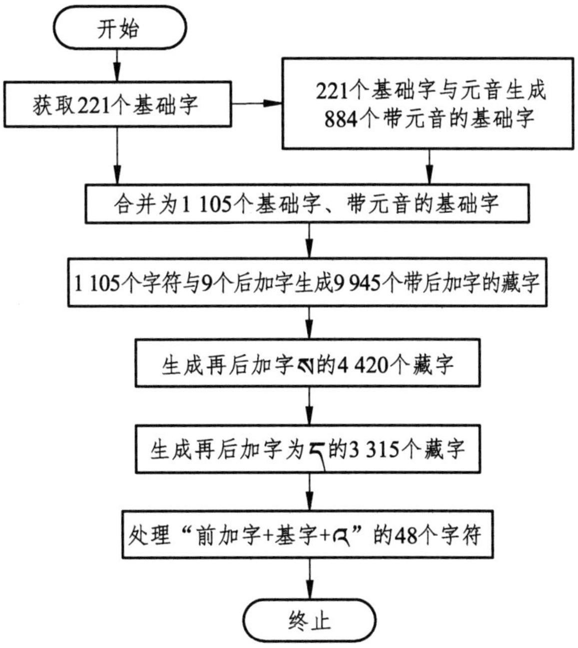

图 3-1 生成全藏字的流程图

3.3.3 伪代码

1. 由 221 个“基础字”添加元音、后加字等组合藏文音节的伪代码

```
def  add(words_18785, begain, end, addtion=['']):
     temp = []  #新生成的音节存入此列表中
     for word_base in words_18785[begain:end]:
         for base in word_base:
             for adchar in addtion:  #“基础字”上添加构件生成新的藏文音节
                 新音节  = base + adchar
                 将新音节加入 temp 列表中
     将 temp 加入 words_18785 列表中
```

2. 添加再后加字（ས 或 ད）生成新的藏文音节的伪代码

```
def  Special_add_ppost(words_18785, begain, end, require):
     temp = []  #新生成的音节存入此列表中
     for word_base in words_18785[begain:end]:
         for base in word_base:
             for require_post in require.keys():  #提取出后加字
                 if 当前字符的后加字==require_post:
                     新音节  = base + require[require_post]
                     将新音节加入 temp 列表中
     将 temp 加入 words_18785 列表中
```

3.4 程序实现

3.4.1 代码

除了 Jupyter Notebook 平台支持 Python 的编程外，常用的还有 PyCharm 平台。

1. PyCharm 简介

Jetbrain 公司是一家专业的集成开发环境（IDE，Integrated Development Environment）生产商。目前市面上很多语言的主流编程平台都出自该公司，如 Python 对应 PyCharm、Golang 对应 Goland、Java 对应 IntelliJ IDEA、C 语言对应 Clion 等。

在这些众多的 IDE 中，有一些提供了多种版本：教育版、社区版和专业版。

教育版：教育版是免费的，除具备社区版的所有功能以外，还提供了一个教学功能，因此它更适合师生。教师可以用它创建教学任务，学生可以通过它完成教学任务。

社区版：就是精简版的专业版，也是免费的。如果不需要使用专业版独有的一些功能，可以选择社区版。

专业版：功能齐全，但通常是收费版本，一般可以试用一个月。

Pycharm 社区版和专业版在功能上的区别如表 3-2 所示。

表 3-2 PyCharm 专业版与社区版的功能对比

功能	PyCharmProfessionalEdition（PyCharm 专业版）	PyCharmCommunityEdition（PyCharm 社区版）
Intelligent Python editor（智能 Python 编辑器）	√	√
Graphical debugger and test runner（图形调试器和测试运行程序）	√	√
Navigation and Refactorings（导航和重构）	√	√
Code Inspections（代码检查）	√	√
VCS support（VCS 支持）	√	√
Scientific tools（科学工具）	√	
Web development（Web 开发）	√	
Python Web frameworks（Python Web 框架）	√	
Python Profiler（Python Profiler 模块）	√	
Remote development capabilities（远程开发功能）	√	
Database & SQL support（数据库支持）	√	

可以看出，Pycharm 专业版比社区版多了科学工具、Web 开发、Python Web 框架、Python 代码分析、远程开发调试和数据库支持等功能。

2. PyCharm 的下载安装

PyCharm 提供了不同版本的下载地址。

Windows：https://www.jetbrains.com/pycharm/download/#section=windows

Mac：https://www.jetbrains.com/pycharm/download/#section=mac

Linux：https://www.jetbrains.com/pycharm/download/#section=linux

3. 使用 PyCharm 运行代码

（1）安装“PyCharm”后，双击桌面的图标运行 PyCharm 软件。

（2）新建项目。

① 点击【File】的【New Project】新建一个项目，如图 3-2 所示。

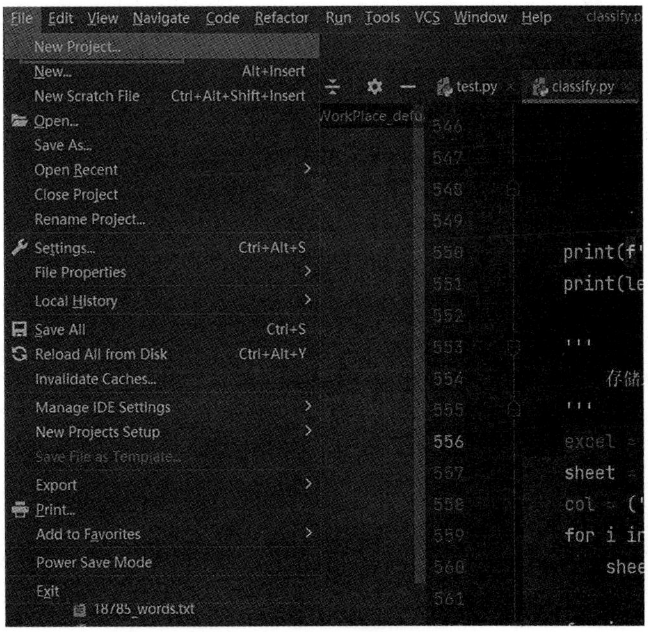

图 3-2 PyCharm 新建项目

② 在 “Location” 中输入项目的名称，如图 3-3 所示。

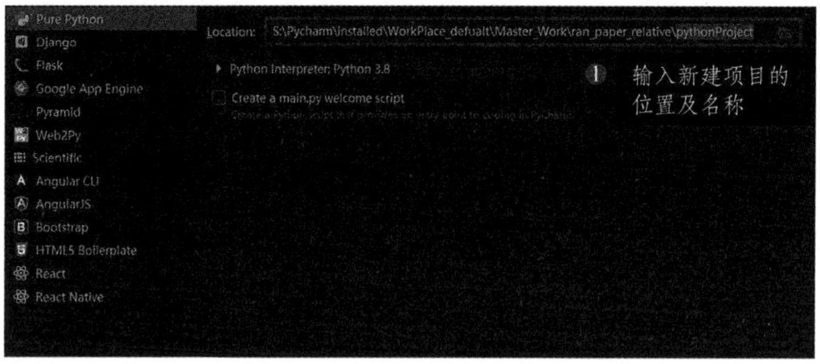

图 3-3 输入项目名称

③ 配置环境后点击【Create】即可完成项目的创建，如图 3-4 所示。

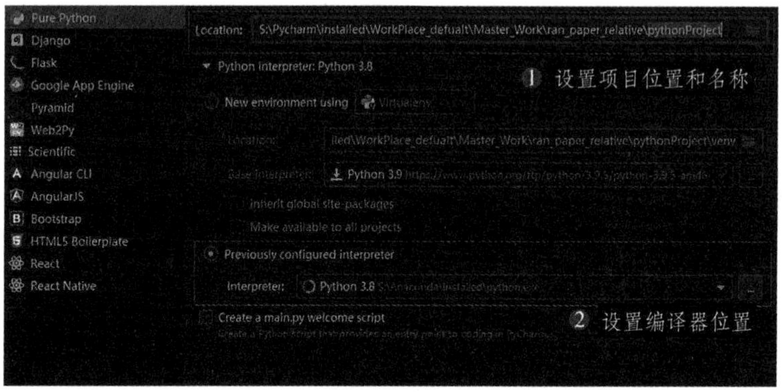

图 3-4 配置环境

（3）右击创建的项目名，在弹出窗口中选择【New】的【Python File】新建一个 Python 文件，如图 3-5 所示。新建文件的结果如图 3-6 所示。

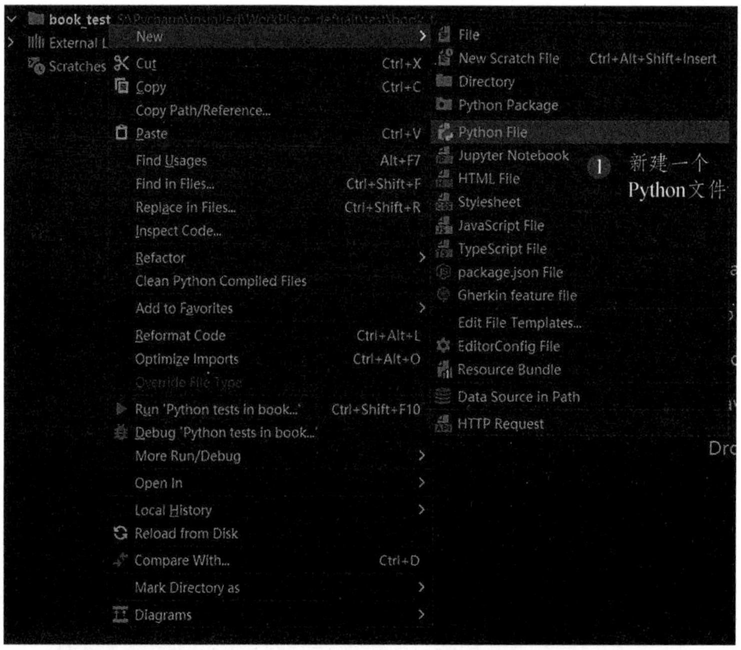

图 3-5 PyCharm 新建 Python 文件的过程

图 3-6 PyCharm 新建 Python 文件的结果

（4）通过 PyCharm 安装所需的第三方库，如图 3-7 ~ 图 3-9 所示。

图 3-7 PyCharm 安装所需第三方库（1）

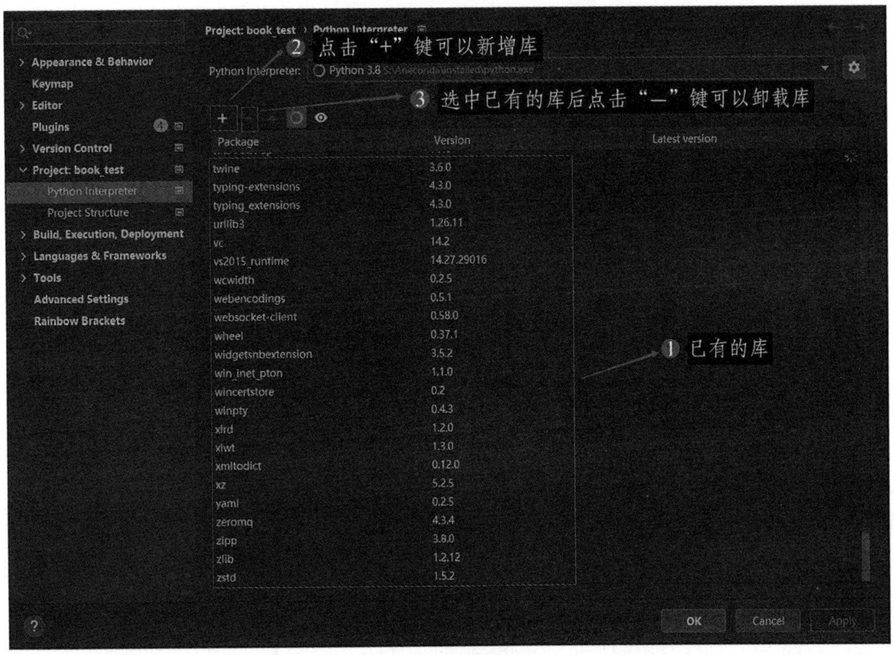

图 3-8 PyCharm 安装所需第三方库（2）

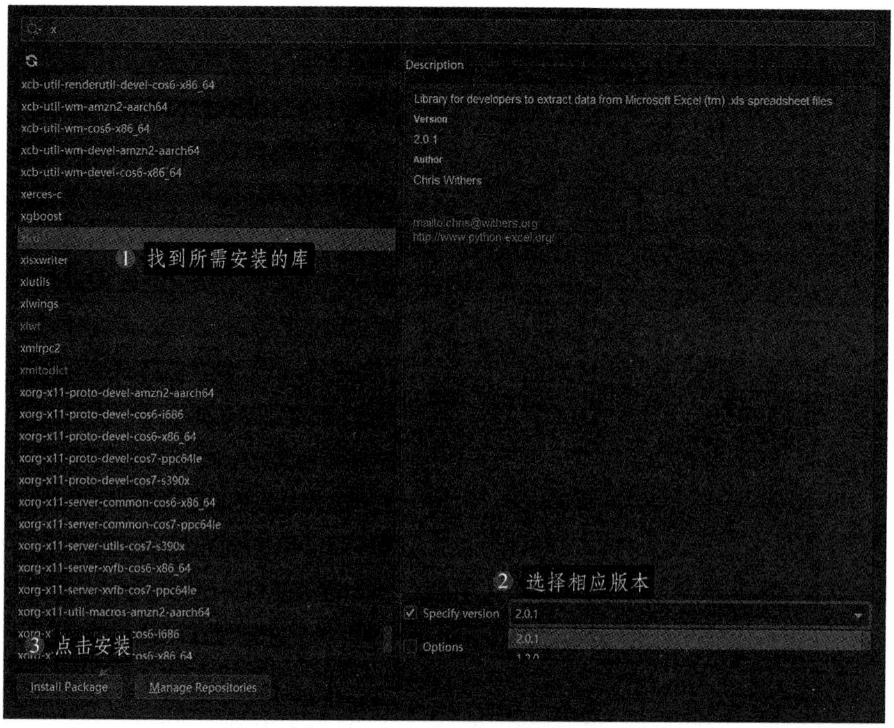

图 3-9 PyCharm 安装所需第三方库（3）

（5）输入如下代码：

```
# 以 words_18785 中的 [begain, end) 为基础添加 addtion->list 中的字符
def add(words_18785, begain, end, addtion=['']):
    temp = []
    for word_base in words_18785[begain:end]:
        for base in word_base:
            for adchar in addtion:
                char = base+adchar
                temp.append(char)
    print(len(temp))
    words_18785.append(temp)

# 只有特定的后加字符可以添加特定的再后加字符，require 是个 map，其中存储的方式为{后加字符:[可以添加的再后加字符]}
def Special_add_ppost(words_18785, begain, end, require):
    temp = []
    for word_base in words_18785[begain:end]:
        for base in word_base:
            for require_post in require.keys():
                if(base[-1]==require_post):
                    char = base+require[require_post]
                    temp.append(char)
    print(len(temp))
    words_18785.append(temp)
```

```
if __name__ == '__main__':
    print("***************1.基础字（221 个）***************")
    '''
        30 个：辅音字母
        57 个：上加字+基字、基字+下加字构成 2 层的字符
        14 个：上加字+基字+下加字 3 层字符
        48 个：前加字+基字构成的 2 层字符
        特殊下加字 15 个
        57 个：前加字+基字+下加字 31、前加字+上加字+基字 20、前加字+上加字+基字+下加字 6
    '''
    words_18785 = [
        ['ཀ', 'ཁ', 'ག', 'ང', 'ཅ', 'ཆ', 'ཇ', 'ཉ', 'ཏ', 'ཐ', 'ད', 'ན', 'པ', 'ཕ', 'བ', 'མ',
         'ཙ', 'ཚ', 'ཛ', 'ཝ', 'ཞ', 'ཟ', 'འ', 'ཡ', 'ར', 'ལ', 'ཤ', 'ས', 'ཧ', 'ཨ', 'རྐ', 'རྒ',
         'རྔ', 'རྗ', 'རྙ', 'རྟ', 'རྡ', 'རྣ', 'རྦ', 'རྨ', 'རྩ', 'རྫ', 'ལྐ', 'ལྒ', 'ལྔ', 'ལྕ', 'ལྗ', 'ལྟ',
         'ལྡ', 'ལྤ', 'ལྦ', 'ལྷ', 'སྐ', 'སྒ', 'སྔ', 'སྙ', 'སྟ', 'སྡ', 'སྣ', 'སྤ', 'སྦ', 'སྨ', 'སྩ', 'ཀྱ',
         'ཁྱ', 'གྱ', 'པྱ', 'ཕྱ', 'བྱ', 'མྱ', 'ཀྲ', 'ཁྲ', 'གྲ', 'ཏྲ', 'ཐྲ', 'དྲ', 'པྲ', 'ཕྲ', 'བྲ', 'སྲ',
         'ཧྲ', 'ཀླ', 'གླ', 'བླ', 'ཟླ', 'རླ', 'སླ', 'རྐྱ', 'རྒྱ', 'རྨྱ', 'སྐྱ', 'སྒྱ', 'སྤྱ', 'སྦྱ', 'སྨྱ', 'སྐྲ',
         'སྒྲ', 'སྣྲ', 'སྤྲ', 'སྦྲ', 'སྨྲ', 'གཅ', 'གཉ', 'གཏ', 'གན', 'གད', 'གཙ', 'གཞ', 'གཟ', 'གཡ', 'གཤ',
         'གས', 'དཀ', 'དག', 'དང', 'དཔ', 'དབ', 'དམ', 'བཀ', 'བག', 'བཅ', 'བཏ', 'བད', 'བཙ', 'བཞ',
         'བཟ', 'བཤ', 'བས', 'མཁ', 'མག', 'མང', 'མཆ', 'མཇ', 'མཉ', 'མཐ', 'མད', 'མན', 'མཚ', 'མཛ',
         'འཁ', 'འག', 'འཆ', 'འཇ', 'འཐ', 'འད', 'འཕ', 'འབ', 'འཚ', 'འཛ', 'ཀྭ', 'ཁྭ', 'གྭ', 'ཉྭ', 'དྭ',
         'ཚྭ', 'ཞྭ', 'ཟྭ', 'རྭ', 'ལྭ', 'ཤྭ', 'ཧྭ', 'རྩྭ', 'གྲྭ', 'ཕྱྭ', 'དཀྱ', 'དགྱ', 'དཔྱ', 'དབྱ', 'དམྱ', 'དཀྲ',
         'དགྲ', 'དཔྲ', 'དབྲ', 'བརྐ', 'བརྒ', 'བརྔ', 'བརྗ', 'བརྙ', 'བརྟ', 'བརྡ', 'བརྣ', 'བརྩ', 'བརྫ', 'བལྟ', 'བལྡ',
         'བསྐ', 'བསྒ', 'བསྔ', 'བསྙ', 'བསྟ', 'བསྡ', 'བསྣ', 'བསྩ', 'བཀྱ', 'བགྱ', 'བཀྲ', 'བགྲ', 'བསྲ', 'བཀླ', 'བཟླ',
         'བརླ', 'བསླ', 'བརྐྱ', 'བརྒྱ', 'བསྐྱ', 'བསྒྱ', 'བསྐྲ', 'བསྒྲ', 'མཁྱ', 'མགྱ', 'མཁྲ', 'མགྲ', 'འཁྱ', 'འགྱ', 'འཕྱ',
         'འབྱ', 'འཁྲ', 'འགྲ', 'འདྲ', 'འཕྲ', 'འབྲ']
    ]
    print(len(words_18785[-1]))

    print("***************2.基础字+元音后的音节（884 个）***************")
    # 基础字在 words_18785 的第 0 行
    begain = 0
    end = begain+1
    vowel = ['\u0F72', '\u0F74', '\u0F7A', '\u0F7C']
    add(words_18785, begain, end, vowel)

    print("***************3.基础字（221）和基础字+元音的音节（884）同时添加 9 个后加字（(221+884)*9=9945 个）***************")
    # 基础字、基础字+元音 在 words_18785 的第 0、1 行
    begain=0
    end=2
```

```
    post_addition = ['\u0F51', '\u0F42', '\u0F62', '\u0F53', '\u0F63', '\u0F44', '\u0F56', '\u0F66', '\u0F58']
    add(words_18785, begain, end, post_addition)

    print("***************4.基础字（221）和基础字+元音的音节（884）中后加字符 \u0F53、\u0F62、\u0F63 添加再后加字 \u0F51，有后加字符\u0F42、\u0F44、\u0F56、\u0F58 的添加再后加字符 \u0F66（(221+884)*7=7735）***************")
    # 添加后加字的字符在 words_18785 的第 2 行
    begain = 2
    end = 3
    require = {
                '\u0F42':'\u0F66', '\u0F44':'\u0F66', '\u0F56':'\u0F66', '\u0F58':'\u0F66',
                '\u0F53':'\u0F51', '\u0F62':'\u0F51', '\u0F63':'\u0F51'
            }
    Special_add_ppost(words_18785, begain, end, require)

    print("***************基础字( 221 )中有 48 个前加字+基础字的组合，它们需要再加上\u0F60（48，此 48 是在原来已添加的音节上进行更改）***************")
    for i in range(101, 149):
        char = words_18785[0][i] + '\u0F60'
        words_18785[0][i] = char
    print(149-101)

    print("**** 输出（221+884+9945+7735=18785）个藏文字符到 18785word.txt 文件中*******")
    with open('18785_words.txt', 'w', encoding='utf-8') as f:
        for words_list in words_18785:
            for word in words_list:
                f.write(word)
                if(word!=words_18785[-1][-1]): f.write('\n')

    num = 0
    for zuhe in words_18785:
        num += len(zuhe)
    print(num)
```

3.4.2 代码使用说明

（1）运行时，请按照自己的计算机地址修改写入文件的地址：

```
with open('18785_words.txt', 'w', encoding='utf-8') as f:
        for words_list in words_18785:
            for word in words_list:
                f.write(word)
                if(word!=words_18785[-1][-1]): f.write('\n')
```

（2）本程序直接把 221 个基础字符以藏文字符的形式写到 words_18785[0]列表中，也可以用藏文字符的 Unicode 字符编码的形式写到列表中，还可以把藏文基础字录入一个 txt 文档中，用程序读文件写入 words_18785[0]列表中。

（3）在 PyCharm 中运行代码，如图 3-10 所示。

图 3-10 在 PyCharm 中运行代码

3.5 运行结果

程序运行完毕后，生成的全藏字结果如图 3-11 所示。

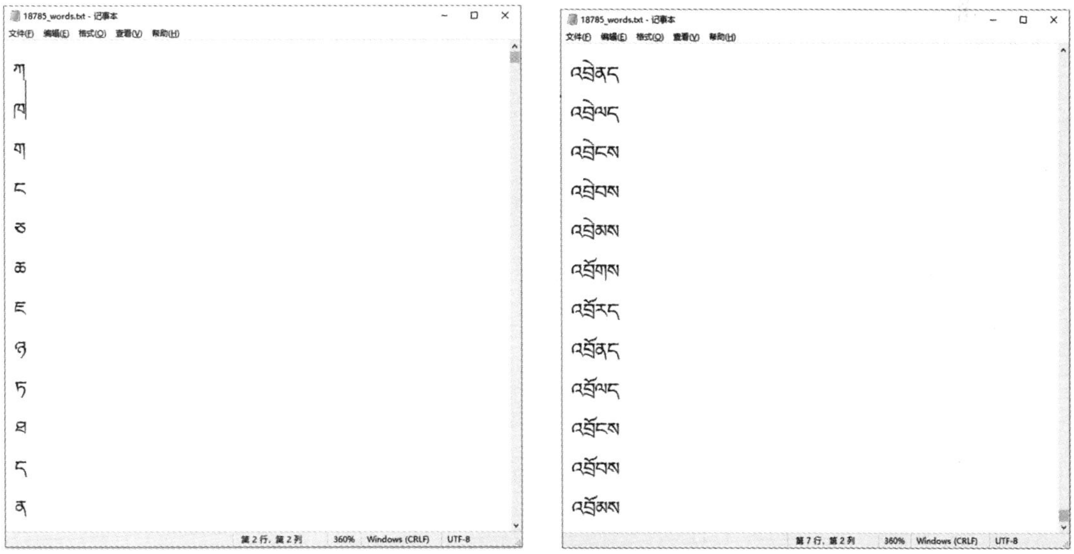

图 3-11 运行结果

按照以上程序，一共生成 18 785 个藏文音节。该数据可能有待商榷，因为没有考虑现代藏文中运用的一些特殊藏文字符，如“ཟྭ”等。只是按照藏文文法生成了全藏字，也没有考虑是否有词义。但此处该数据的精确与否不是很重要，重要的是学会如何利用列表设计算法实现藏文全藏字的生成问题。

3.6 算法分析

3.6.1 时间复杂度

该程序最多有三层嵌套循环，运算次数分别是 $221+221\times4$、$(221+884)\times9$、$(221+884)\times7$、48，因此时间复杂度上界是 $O((221+884)\times9)$次，即 $O(1)$。

3.6.2 空间复杂度

（1）程序用列表 words_18785 存储了 18 785 个藏文音节，故空间复杂度为 $O(n)$。

（2）用于生成藏文音节的元音表、后加字表、再后加字表是一个很小的常数，故空间复杂度为 $O(1)$。

第 4 章 现代藏字构件识别

4.1 问题描述

藏文属于表音文字，而符合现代藏文语法规范的藏文音节称为现代藏字。现代藏字由前加字、上加字、基字、下加字、元音、后加字和再后加字构成，最少 1 个构件，最多 7 个构件。除基字是藏文音节结构中必不可少的构件之外，其他的构件因字而异，所以藏文字符的构件与藏文音节字中的序列无关，不能只从构件的序列识别出构件，而要从构件的长度、藏字的结构等来识别构件。构件识别是藏文排序、构件统计等操作的前提，对藏文信息处理技术的发展有着重要的意义。本章按照藏文音节中构件的长度，结合现代藏字的 48 种结构及现代藏文 Unicode 编码特性，设计程序识别全藏字集中每一个藏字的构件。

4.2 问题分析

4.2.1 理论依据

1. 现代藏字的结构

现代藏字除去特殊的藏字“ཀྵ”及该字构成的藏字外，藏字的结构可细分为 53 种，在原 48 种①基础上多了 5 种类别：基字+下加字+再下加字+后加字、基字+下加字+再下字+元音、基字+下加字+再下加字+元音+后加字、基字+下加字+再下加字+后加字+再后加字、基字+下加字+再下加字+元音+后加字+再后加字。这是因为在生成现代藏字时把“下加字+再下加字”与其他构件的藏字包括在其中。这 53 种结构分别如下：

（1）1 个构件的构字方式如表 4-1 所示。

表 4-1 1 个构件的藏字

结构方式	组成的藏字个数	例字
辅音字母	30	ད

（2）2 个构件的构字方式如表 4-2 所示。

表 4-2 2 个构件的藏字

结构方式	组成的藏字个数	例字
基字＋元音	120	ཆུ
基字＋后加字	270	ངག
上加字＋基字	33	རྗ
基字＋下加字	36	ཕྱ

① 高定国，龚育昌. 现代藏字全集的属性统计研究[J]. 中文信息学报，2005，19（1）：71-75.

（3）3 个构件的构字方式如表 4-3 所示。

表 4-3　3 个构件的藏字

结构方式	组成的藏字个数	例字
前加字＋基字＋后加字	469	བདག
前加字＋基字＋元音	192	མཛོ
前加字＋上加字＋基字	20	བརྡ
前加字＋基字＋下加字	31	བཀྲ
上加字＋基字＋元音	132	རྐོ
上加字＋基字＋下加字	15	སྐྲ
特殊的两个字（基字＋下加字＋下加字）	2	ཕྱྭ གྲྭ
上加字＋基字＋后加字	297	ལྡོས
基字＋下加字＋元音	144	གྲི
基字＋下加字＋后加字	324	བྲལ
基字＋元音＋后加字	1 080	ཚོན
基字＋后加字＋再后加字	221	གངས

（4）4 个构件的构字方式如表 4-4 所示。

表 4-4　4 个构件的藏字

结构方式	组成的藏字个数	例字
前加字＋上加字＋基字＋元音	80	བརྐོ
前加字＋基字＋下加字＋元音	124	བཀྲི
前加字＋基字＋元音＋后加字	1 728	གཏིང
前加字＋上加字＋基字＋下加字	6	བསྐྲ
前加字＋上加字＋基字＋后加字	180	བསྐང
前加字＋基字＋下加字＋后加字	279	བཀྱང
前加字＋基字＋后加字＋再后加字	336	འགངས
上加字＋基字＋下加字＋元音	60	རྒྱུ
上加字＋基字＋元音＋后加字	1 188	སྐེད
上加字＋基字＋下加字＋后加字	135	སྐྱབ
上加字＋基字＋后加字＋再后加字	231	སྐངས
基字＋元音＋后加字＋再后加字	840	ཁེངས
基字＋下加字＋元音＋后加字	1 296	ཀྲུས
基字＋下加字＋后加字＋再后加字	252	དྲངས
基字+下加字+再下加字+元音	8	གྲྭི
基字+下加字+再下加字+后加字	18	གྲྭང

（5）5 个构件的构字方式如表 4-5 所示。

表 4-5 5 个构件的藏字

结构方式	组成的藏字个数	例字
前加字＋上加字＋基字＋下加字＋元音	24	བསྒྲོ
前加字＋上加字＋基字＋下加字＋后加字	54	བསྒྲང
前加字＋上加字＋基字＋元音＋后加字	720	བརྗེས
前加字＋上加字＋基字＋后加字＋再后加字	140	བསྒངས
前加字＋基字＋下加字＋元音＋后加字	1 116	འདྲོད
前加字＋基字＋下加字＋后加字＋再后加字	217	བཀྲམས
前加字＋基字＋元音＋后加字＋再后加字	1 344	དབུགས
上加字＋基字＋下加字＋元音＋后加字	540	སྒྲོག
上加字＋基字＋下加字＋后加字＋再后加字	105	སྒྲངས
上加字＋基字＋元音＋后加字＋再后加字	924	སྐུངས
基字＋下加字＋元音＋后加字＋再后加字	1 008	གྲོངས
基字+下加字+再下加字+元音+后加字	72	གྲྭིད
基字+下加字+再下加字+后加字+再后加字	14	གྲྭགས

（6）6 个构件的构字方式如表 4-6 所示。

表 4-6 6 个构件的藏字

结构方式	组成的藏字个数	例字
前加字＋上加字＋基字＋下加字＋元音＋后加字	216	བསྐྱོད
前加字＋基字＋下加字＋元音＋后加字＋再后加字	868	བགྲོངས
前加字＋上加字＋基字＋元音＋后加字＋再后加字	560	བསྐུངས
前加字＋上加字＋基字＋下加字＋后加字＋再后加字	42	བསྒྲངས
上加字＋基字＋下加字＋元音＋后加字＋再后加字	420	སྐྱུགས
基字+下加字+再下加字+元音+后加字+再后加字	56	གྲྭིགས

（7）7 个构件的构字方式如表 4-7 所示。

表 4-7 7个构件的藏字

结构方式	组成的藏字个数	例字
前加字＋上加字＋基字＋下加字＋元音＋后加字＋再后加字	168	བསྒྲིགས

按照一个藏文音节构件的数量，结合构字方式和每个构件的 Unicode 值判断出该藏字的结构，从而确定各构件。

2. 字符串操作

字符串操作是最常见、最重要的计算机操作，所以很多语言都提供了强大的字符串操作函数。字符串操作的类型有很多，如字符串的查找、比较、拼接、切割、替换等。藏文字符的操作也类似。本章涉及的字符串操作如下：

1）删除字符串

strip('指定字符')方法能够删除开始或结尾的字符。lstrip('指定字符') 和 rstrip('指定字符') 分别从左和右执行删除操作，在默认情况下删除的是空白或换行字符，可以在函数中指定删除的其他字符。例如：

```
>>> S = ' 现代藏文自动分析\n'
>>> S.strip()
```

删除句首的空格、句尾的换行符，程序输出结果为：'现代藏文自动分析'。

```
>>> S.lstrip()
```

只删除句首的空格，程序输出结果为：'现代藏文自动分析\n'。

```
>>> S.rstrip()
```

只删除句尾的换行符，程序输出结果为：' 现代藏文自动分析'。

2）字符串的查找

S.find(s, 开始位置, 结束位置)方法检测字符串 S 中是否包含子串 s。如果指定开始和结束位置，则在指定范围内检查子串 s 是否包含在字符串 S 中。如果 S 中包含子串 s，则返回在 S 中第一次出现的子串 s 的第一个字符在 S 中的位置，否则返回 – 1。rfind()与 find()功能类似，只是起始位从 S 的最后 1 位开始从后往前查找，返回的仍然是子串第一个字符的索引位置。例如：

```
>>> S = '现代藏文自动分析'
>>> S.find('藏文')
```

程序输出结果：2

```
>>> # 从后往前查找，返回的仍是从前往后的索引位置
>>> S.rfind('藏文')
```

程序输出结果：2

3）“**in**” 和 “**not in**” 操作符

在 Python 中 “**in**” 和 “**not in**” 用来做逻辑判断，可应用于 Python 的所有序列。与其他操作符一样，“**in**” 和 “**not in**” 用于表达式中连接两个值。“**in**” 的左侧字符是否包含在右侧字符之中，如果是则返回布尔值 True，否则返回 False。“**not in**” 则与 “**in**” 相反，表示左侧字符是否不包含在右侧字符之中，如果是返回 True，不是则返回 False。例如：

```
>>> S = '现代藏文自动分析'
>>> s1 = '现代'
>>> s2 = '古代'
>>> s1 in S
```

程序输出结果：**True**

```
>>> s2 in S
```

程序输出结果：**False**

```
>>> list = [1, 2, 3]
>>> 200 not in list
```

程序输出结果：**True**

```
>>> 2 not in list
```

程序输出结果：**False**

4.2.2 算法思想

依据藏文字符的构字方式，设计如下的识别构件算法：

（1）判断一个音节的字符数，根据音节的长度不同调用不同的处理函数。

（2）研究藏文音节字的结构发现，文法对“上加字+基字”“基字+下加字”“上加字+基字+下加字”叠加和“后加字+再后加字”组合的限制非常严格，并且其数量也很有限，也没有任何规律，故选择该五个结构作为一个固定的组合方式，把要判断的当前音节在这些组合方式中进行查找，如果找到就依此对应到该音节的各结构上。

（3）按照字符的多少把藏文音节划分为 7 个组后，再分析藏文音节字的结构，发现藏文的元音是一个特殊的构件，通过判断元音的有无和元音的位置可以很好地分析藏文音节字的结构，所以这里先判断元音的有无与位置。

（4）两种特殊情况的处理：

① 正常情况下“◌ྭ”作为下加字，只有当音节中已经有下加字的情况时，将“◌ྭ”作为再下加字，也就是包含“ཕྱྭ”和“གྲྭ”的一类特殊字。因此，有些字会有再下加字，在算法中要对每一个音节是否包含“ཕྱྭ”或“གྲྭ”进行判断，故将这两个特殊的字抽出组成一个表，即“基字+下加字+再下加字”表。既然有些藏字存在“再下加字”结构，也就需要为每个藏字预留 8 个构件的位置。

② 部分 3 个构件的藏字具有“二义性”，如“བགས”，既可以识别为“前加字+基字+后加字”，也可以识别为“基字+后加字+再后加字”，针对这类音节，算法中需要做特殊处理。经人工整理，找到 14 个具有二义性的特殊音节，如表 4-8 所示。查字典等确定后在算法中约定这 14 个音节都按照“基字+后加字+再后加字”的结构进行处理，而类似的其他音节均按照“前加字+基字+后加字”处理。

表 4-8 14 个特殊音节

བགས	མབས	གགས	བངས	དངས
གངས	འངས	གམས	མམས	བབས
མངས	གབས	བམས	འམས	

4.3 算法设计

4.3.1 存储空间

首先，定义算法中查找用到的 6 张表，如表 4-9 所示。

表 4-9 构件识别用到的 6 张表

	表名	描述
表 1	up_base_2	上加字+基字
表 2	base_down_2	基字+下加字
表 3	after_reafter_2	后加字+再后加字
表 4	up_base_down_3	上加字+基字+下加字
表 5	base_after_reafter_3	特殊字 14 个（二义性）
表 6	base_under_reunder_3	有“基字+下加字+再下加字”结构的两个特殊藏字

其次，定义一个列表 word_18785 用于存储的藏文音节和对应识别后的构件。

4.3.2 输入与输出

输入：第 3 章生成的全藏字集“18785_words.txt”。

输出：藏文音节及其识别后的构件输出到“Classified.xls”文件中。

4.3.3 设计思想

按照藏文结构，定义一个 18 785×10 的二维列表。其中第一列存储 18 785 个藏字，后 9 列依次存储对应藏字拆分构件后的“前加字”“上加字”“基字”“下加字”“再下加字”“元音”“后加字”“再后加字”和此藏字对应的“类别名”。

算法从包括 18 785 个藏文音节的“18785_words.txt”文档中读取一行字符（即 1 个音节），存入字符串 S 中，则：

（1）首先判断当前音节包括几个字符。

（2）如果音节长度为 1，则该音节只有 1 个构件（即基字），将音节和构件放入对应的位置中。

（3）如果音节长度为 2，先查询音节是否在表 1、表 2 中，如果是则按照表分类，如果不是则再根据元音的位置分类。

（4）如果音节长度为 3，首先分出特殊的两个字（基字+下加字+再下加字：['གྲྭ', 'ཕྱྭ']）。其次判断是否是表 5 中具有二义性的藏文音节。最后根据元音的位置和表 1、表 2 中藏文音节的位置进行分类。

（5）以此类推，藏文音节长度为 4、5、6 时按照元音的位置、表 4-9 中 6 个表中藏文音节的位置进行分类。

（6）藏文音节长度为 7 时，对应藏文音节结构齐全的一类。

4.3.4 流程图

1. 主函流程图

主函数流程如图 4-1 所示。

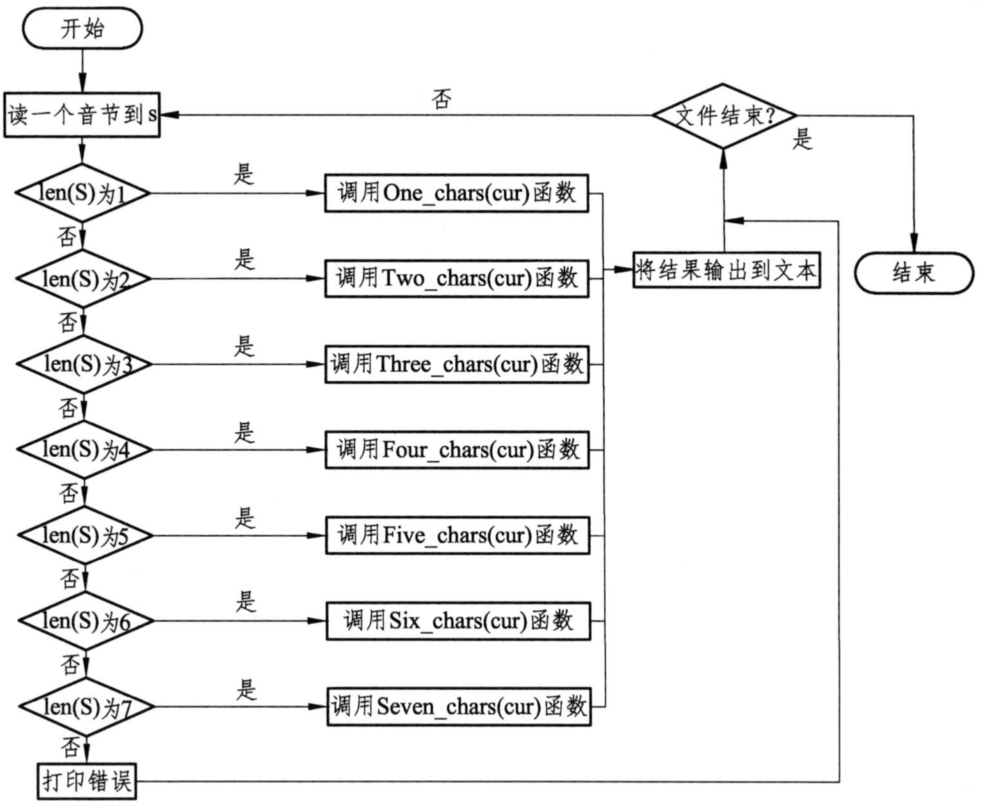

图 4-1 主函数流程图

2. 识别 2 个字符音节字的流程图

2 个构件的音节识别流程如图 4-2 所示。

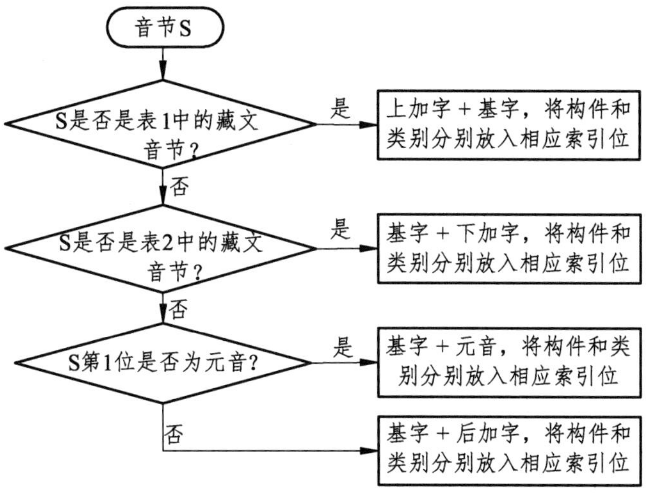

图 4-2 2 个构件的音节识别流程图

3. 识别 3 个构件音节字的流程图

3 个构件的音节识别流程如图 4-3 所示。

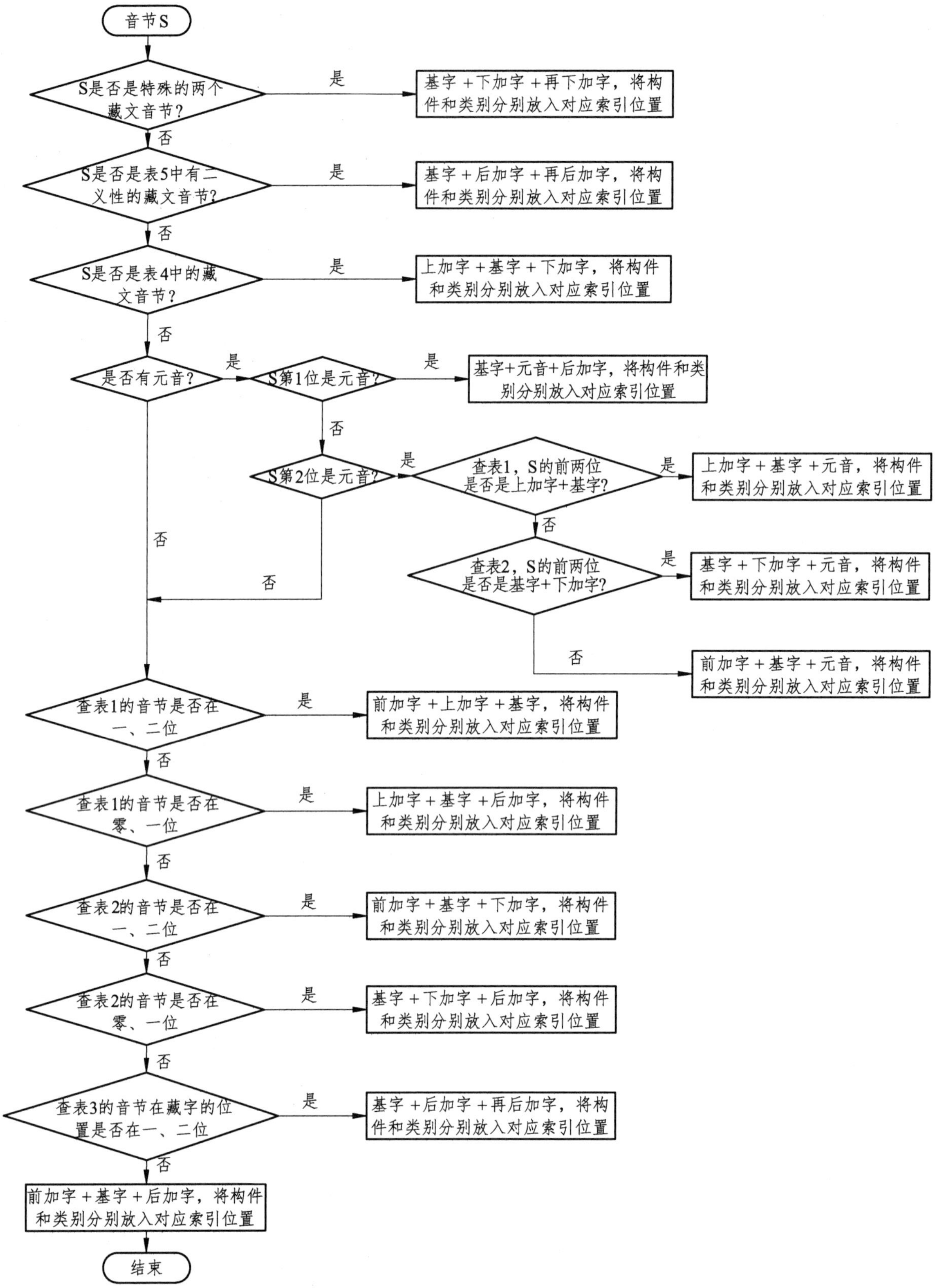

图 4-3　3 个构件的音节识别流程图

4. 识别 4 个构件的音节字的流程图

4 个构件的音节识别流程如图 4-4 所示。

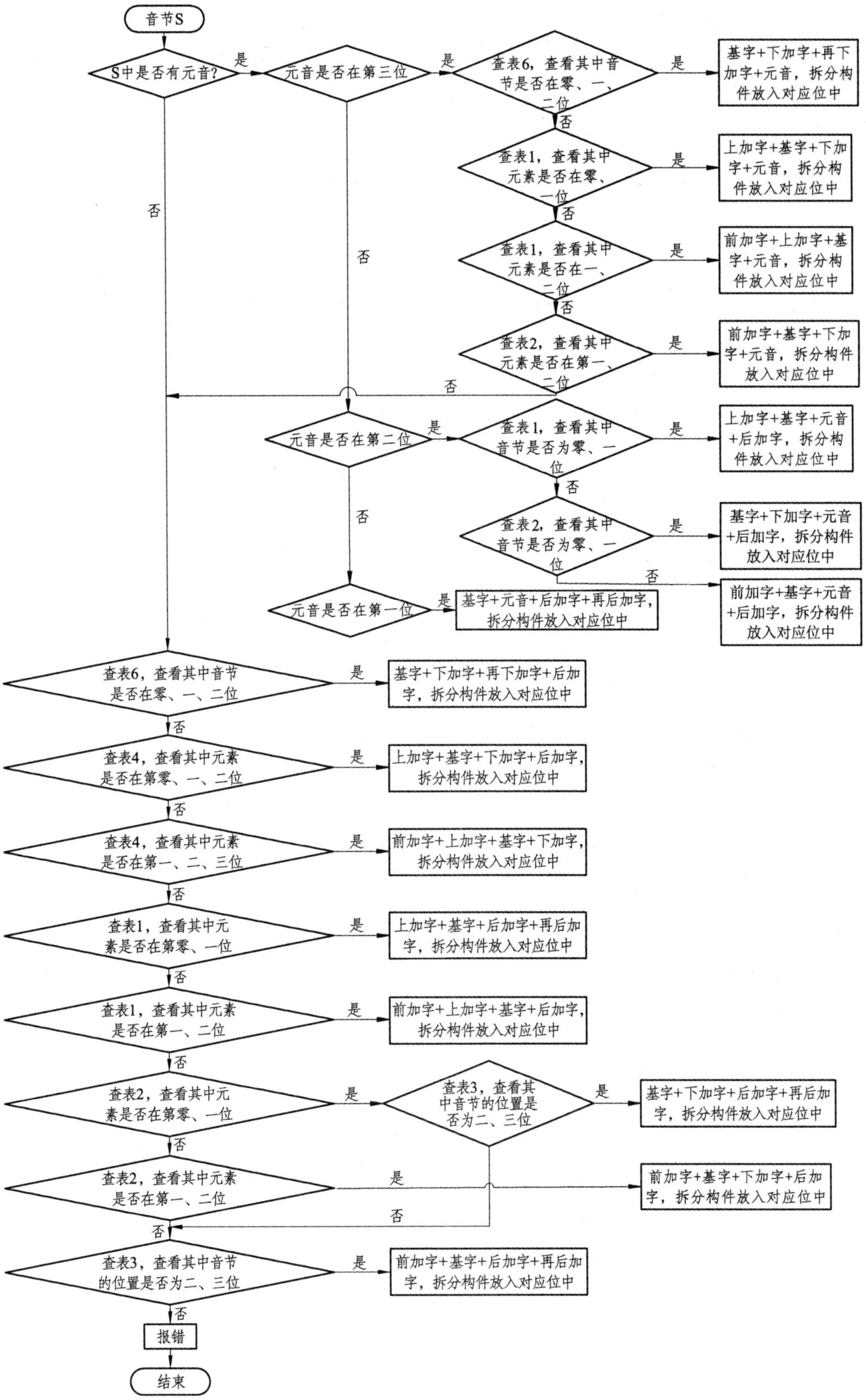

图 4-4　4 个构件的音节识别流程图

5. 识别 5 个构件音节字的流程图

5 个构件的音节识别流程如图 4-5 所示。

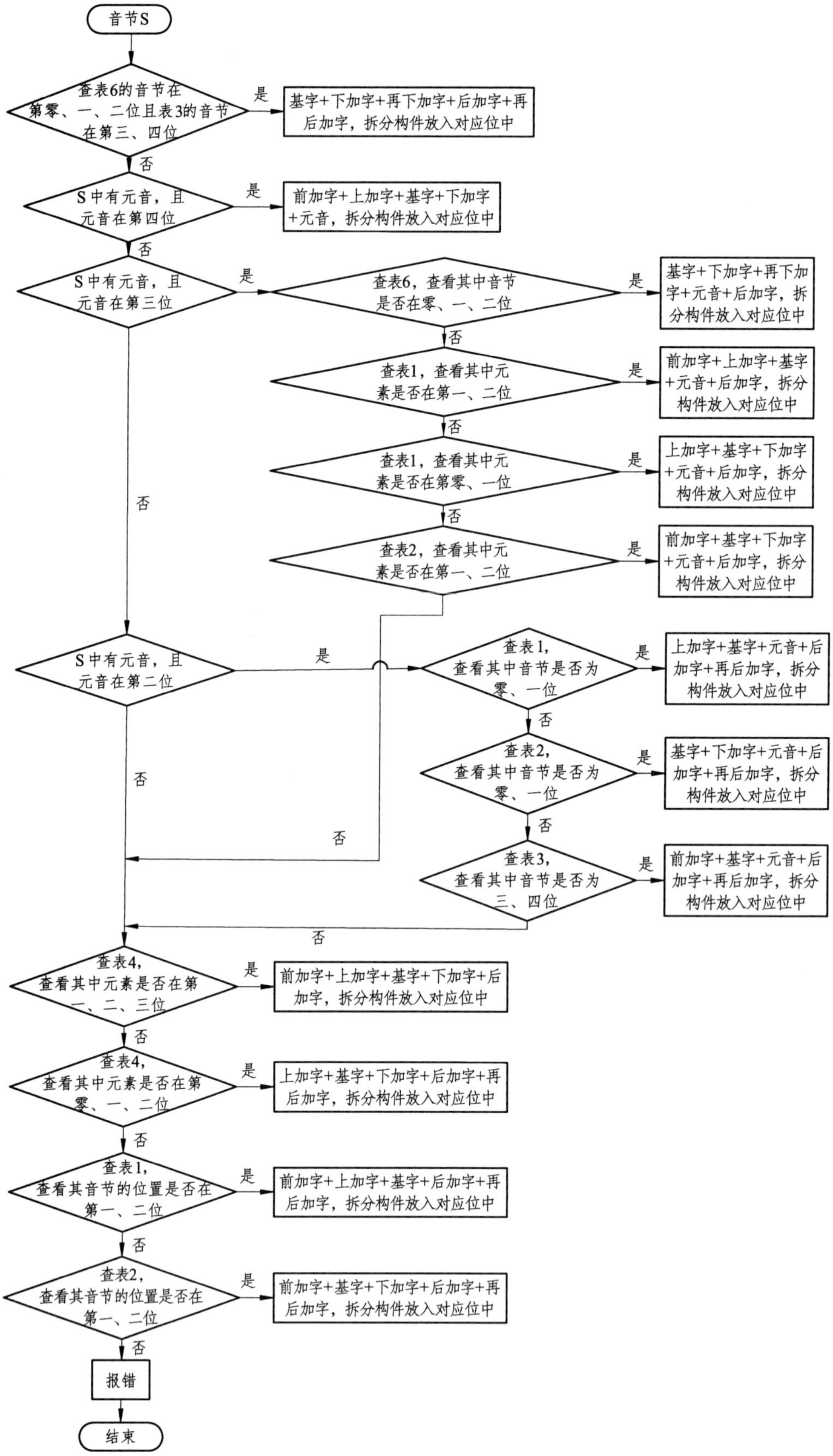

图 4-5 5个构件的音节识别流程图

6. 识别 6 个构件音节字的流程图

6 个构件的音节识别流程如图 4-6 所示。

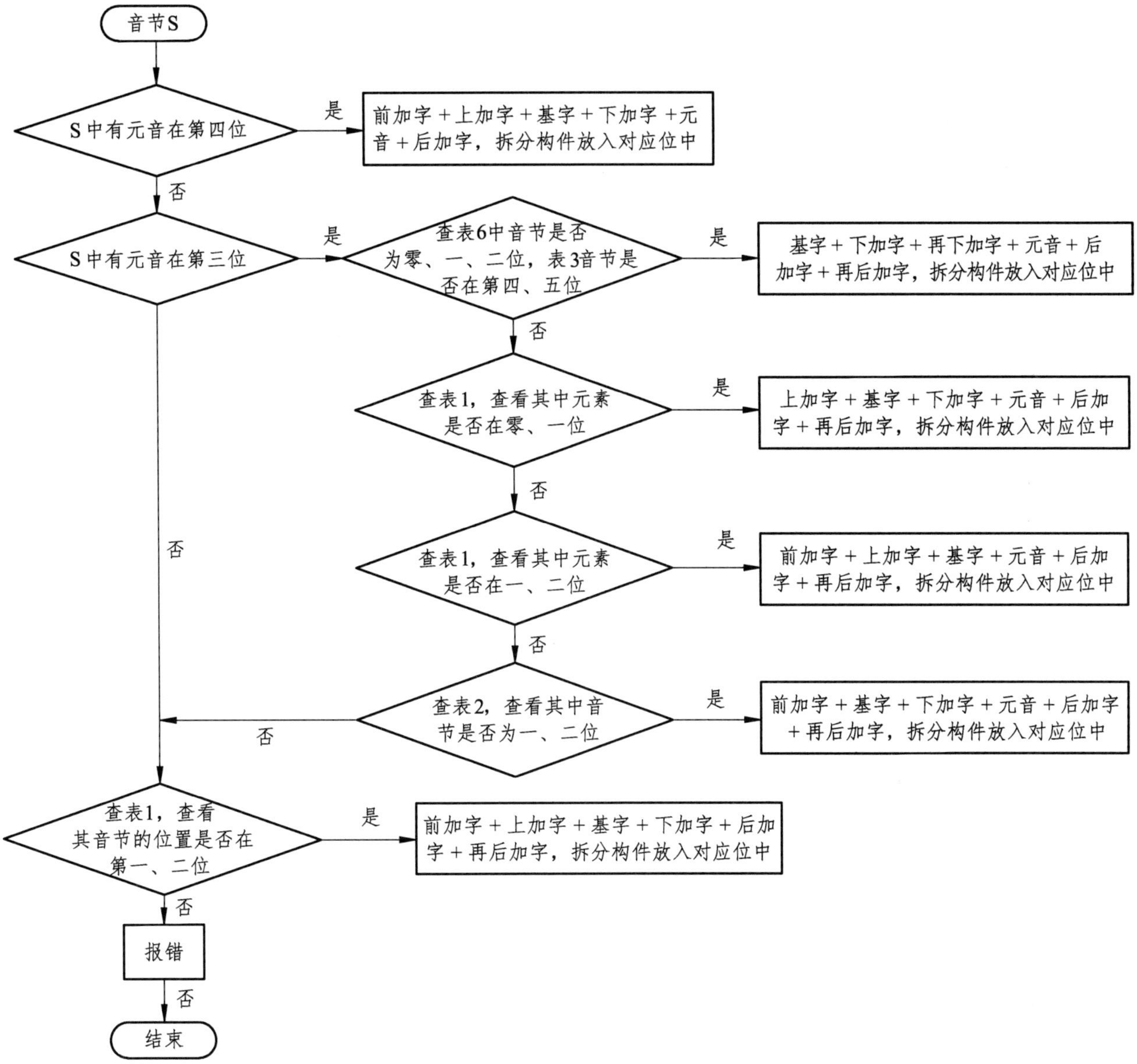

图 4-6 6 个构件的音节识别流程图

4.3.5 伪代码

1. 主函数伪代码

```
if __name__ == '__main__':
    with open('18785_words.txt', 'r', encoding='utf-8') as f:
        for i in range(18785):
            temp = []  #初始化一个空列表
            读入一个藏文音节，存储进 temp 列表中
            for i in range(8): temp.append('')#在 temp 列表中预留构件的位置
            words_18785.append(temp)
```

```
    for i, word in enumerate(words_18785):
        音节长度为 1，调用 1 个构件的音节识别函数
        音节长度为 2，调用 2 个构件的音节识别函数
        ...
        音节长度为 7，调用 7 个构件的音节识别函数
        音节长度大于 7，打印警示信息
    打印所有类别及其对应藏文音节的数量
    将识别构件后的信息存储进 Excel 表格
```

2. 识别 3 个构件藏文音节的伪代码

```
def Three_chars(cur):
  if(S 在表 6 中):
        分类为"基字+下加字+再下加字"
  if(S 在表 5 中):
        分类为"基字+后加字+再后加字"
  if(S 在表 4 中):
        分类为"上加字+基字+下加字"
  if(找到元音的位置 i):
        根据 i 的不同进行分类
 else:
        不断查表分类
```

4.4 程序实现

4.4.1 源代码

（1）新建一个项目。

（2）在项目中新建一个名为"main.py"的文件。

（3）在"main.py"文件中输入以下代码：

① 导入所需的库，定义变量：

```
# coding:utf-8
import xlwt
# 所有的分类类别
class_name = [
                '辅音字母',

                '基字+元音', '基字+后加字', '上加字+基字', '基字+下加字',

                '前加字+基字+后加字', '前加字+基字+元音', '前加字+上加字+基字', '前加字+基字+下加
字', '上加字+基字+元音', '上加字+基字+下加字', '基字+下加字+再下加字', '上加字+基字+后加字', '基字+下加
字+元音', '基字+下加字+后加字', '基字+元音+后加字', '基字+后加字+再后加字',
```

```
                    '前加字+上加字+基字+元音', '前加字+基字+下加字+元音', '前加字+基字+元音+后加字', '
前加字+上加字+基字+下加字', '前加字+上加字+基字+后加字', '前加字+基字+下加字+后加字', '前加字+基字+
后加字+再后加字', '上加字+基字+下加字+元音', '上加字+基字+元音+后加字', '上加字+基字+下加字+后加字',
'上加字+基字+后加字+再后加字', '基字+元音+后加字+再后加字', '基字+下加字+元音+后加字', '基字+下加字+
后加字+再后加字',
                    '基字+下加字+再下加字+元音', '基字+下加字+再下加字+后加字',

                    '前加字+上加字+基字+下加字+元音', '前加字+上加字+基字+下加字+后加字', '前加字+上
加字+基字+元音+后加字', '前加字+上加字+基字+后加字+再后加字', '前加字+基字+下加字+元音+后加字', '前
加字+基字+下加字+后加字+再后加字', '前加字+基字+元音+后加字+再后加字', '上加字+基字+下加字+元音+
后加字', '上加字+基字+下加字+后加字+再后加字', '上加字+基字+元音+后加字+再后加字', '基字+下加字+元
音+后加字+再后加字',
                    '基字+下加字+再下加字+元音+后加字', '基字+下加字+再下加字+后加字+再后加字',

                    '前加字+上加字+基字+下加字+元音+后加字', '前加字+基字+下加字+元音+后加字+再后
加字', '前加字+上加字+基字+元音+后加字+再后加字', '前加字+上加字+基字+下加字+后加字+再后加字', '上
加字+基字+下加字+元音+后加字+再后加字',
                    '基字+下加字+再下加字+元音+后加字+再后加字',

                    '前加字+上加字+基字+下加字+元音+后加字+再后加字'
                    ]

   words_18785 = []

   # 30 个辅音
   consonant = ['\u0F40', '\u0F41', '\u0F42', '\u0F44', '\u0F45', '\u0F46', '\u0F47', '\u0F49',
                '\u0F4F', '\u0F50', '\u0F51','\u0F53', '\u0F54', '\u0F55', '\u0F56', '\u0F58',
                '\u0F59', '\u0F5A', '\u0F5B', '\u0F5D', '\u0F5E', '\u0F5F', '\u0F60', '\u0F61',
                '\u0F62', '\u0F63','\u0F64', '\u0F66', '\u0F67', '\u0F68']

   # 4 个元音
   vowel = ['\u0F72', '\u0F74', '\u0F7A', '\u0F7C']


   # 表 1："上加字+基字"的叠加组合
   up_base_2 =  ['རྐ', 'རྒ', 'རྔ', 'རྗ', 'རྙ', 'རྟ', 'རྡ', 'རྣ', 'རྦ', 'རྨ', 'རྩ', 'རྫ', 'ལྐ', 'ལྒ', 'ལྔ',
                 'ལྕ', 'ལྗ', 'ལྟ', 'ལྡ', 'ལྤ', 'ལྦ', 'ལྷ', 'སྐ', 'སྒ', 'སྔ', 'སྙ', 'སྟ', 'སྡ', 'སྣ', 'སྤ',
                 'སྦ', 'སྨ', 'སྩ']

   # 表 2："基字+下加字"的叠加组合
   base_down_2 =   ['ཀྱ', 'ཁྱ', 'གྱ', 'པྱ', 'ཕྱ', 'བྱ', 'མྱ', 'ཀྲ', 'ཁྲ', 'གྲ', 'ཏྲ', 'ཐྲ', 'དྲ', 'པྲ', 'ཕྲ',
                    'བྲ', 'མྲ', 'སྲ', 'ཧྲ', 'ཀླ', 'གླ', 'བླ', 'ཟླ', 'རླ', 'སླ', 'ཀྭ', 'ཁྭ', 'གྭ', 'ཉྭ', 'དྭ', 'ཚྭ',
```

```
                    'ཞྭ', 'ཟྭ', 'རྭ', 'ལྭ', 'ཤྭ', 'ཧྭ']

# 表 3："后加字与再后加字"的组合
after_reafter_2 = ['ནད', 'རད', 'ལད', 'གས', 'ངས', 'བས', 'མས']

# 表:4："上加字+基字+下加字"的叠加组合
up_base_down_3 = ['རྐྱ', 'རྒྱ', 'རྨྱ', 'སྐྱ', 'སྒྱ', 'སྤྱ', 'སྦྱ', 'སྨྱ', 'སྐྲ', 'སྒྲ', 'སྣྲ', 'སྤྲ', 'སྦྲ', 'སྨྲ', 'རྩྭ']

# 表 5：基字+后加字+再后加字（其中 14 个有歧义）
base_after_reafter_3 =  ['བགས', 'མབས', 'གགས', 'བངས', 'དངས', 'གངས', 'འངས', 'གམས', 'མམས', 'བབས', 'མངས',
'གབས', 'བམས', 'འམས']

# 表 6：特殊的两个字（基字+下加字+再下加字）
base_under_reunder_3 =  ['གྲྭ', 'ཕྱྭ']
```

② 根据藏文音节的数量分别定义拆分函数：

```
# 当音节为一个字符时，用音节在 words_18785 中的位置数据作为参数进行调用。
def One_char(cur):
    in_str = words_18785[cur][0]
    words_18785[cur][3] = in_str[0]
    words_18785[cur][-1] = '辅音字母'

# 当音节为两个字符时，也用音节在 words_18785 中的位置数据作为参数进行调用，以此类推。
def Two_chars(cur):
    fin = False
    in_str = words_18785[cur][0]
    pos = [-1, -1]
    # 为上加字+基字
    if(in_str in up_base_2):
        pos[0], pos[1] = 2, 3
        words_18785[cur][-1] = '上加字+基字'
        for i, char_cur in enumerate(pos):
            words_18785[cur][char_cur] = in_str[i]
        return
    # 为基字+下加字
    if(in_str in base_down_2):
        pos[0], pos[1] = 3, 4
        words_18785[cur][-1] = '基字+下加字'
        for i, char_cur in enumerate(pos):
            words_18785[cur][char_cur] = in_str[i]
        return

    pos[0] = 3
    for vow in vowel:
```

```
            if(in_str[-1]==vow):
                pos[1] = 6
                words_18785[cur][-1] = '基字+元音'
                fin = True
                break
        if(fin==False):
            pos[1] = 7
            words_18785[cur][-1] = '基字+后加字'
            fin = True

        # 异常处理
        assert fin
        for i, char_cur in enumerate(pos):
            words_18785[cur][char_cur] = in_str[i]

# 音节为 3 个字符
def Three_chars(cur):
    fin = False
    in_str = words_18785[cur][0]
    pos = [-1 for i in range(3)]
    # 查找表
    if (in_str in base_under_reunder_3):
        pos[0], pos[1], pos[2] = 3, 4, 5
        words_18785[cur][-1] = '基字+下加字+再下加字'
        for i, char_cur in enumerate(pos):
            words_18785[cur][char_cur] = in_str[i]
        return
    if (in_str in base_after_reafter_3):
        pos[0], pos[1], pos[2] = 3, 7, 8
        words_18785[cur][-1] = '基字+后加字+再后加字'
        for i, char_cur in enumerate(pos):
            words_18785[cur][char_cur] = in_str[i]
        return
    if(in_str in up_base_down_3):
        pos[0], pos[1], pos[2] = 2, 3, 4
        words_18785[cur][-1] = '上加字+基字+下加字'
        for i, char_cur in enumerate(pos):
            words_18785[cur][char_cur] = in_str[i]
        return

    for vow in vowel:
        ppos = in_str.find(vow)
        if (ppos==1):
```

```
                pos[0], pos[1], pos[2] = 3, 6, 7
                words_18785[cur][-1] = '基字+元音+后加字'
                fin = True
                break
        elif(ppos==2):
            for up_base in up_base_2:
                if(in_str.find(up_base)==0):
                    pos[0], pos[1], pos[2] = 2, 3, 6
                    words_18785[cur][-1] = '上加字+基字+元音'
                    fin = True
                    break

            if(fin==False):
                for base_down in base_down_2:
                    if(in_str.find(base_down)==0):
                        pos[0], pos[1], pos[2] = 3, 4, 6
                        words_18785[cur][-1] = '基字+下加字+元音'
                        fin = True
                        break

            if(fin==False):
                pos[0], pos[1], pos[2] = 1, 3, 6
                words_18785[cur][-1] = '前加字+基字+元音'
                fin = True

    if(fin==False):
        for up_base in up_base_2:
            ppos = in_str.find(up_base)
            if(ppos==1):
                pos[0], pos[1], pos[2] = 1, 2, 3
                words_18785[cur][-1] = '前加字+上加字+基字'
                fin = True
                break
            elif(ppos==0):
                pos[0], pos[1], pos[2] = 2, 3, 7
                words_18785[cur][-1] = '上加字+基字+后加字'
                fin = True
                break

    if(fin==False):
        for base_down in base_down_2:
            ppos = in_str.find(base_down)
            if(ppos==1):
```

```
                pos[0], pos[1], pos[2] = 1, 3, 4
                words_18785[cur][-1] = '前加字+基字+下加字'
                fin = True
                break
            elif(ppos==0):
                pos[0], pos[1], pos[2] = 3, 4, 7
                words_18785[cur][-1] = '基字+下加字+后加字'
                fin = True
                break

    if(fin==False):
        for after_reafter in after_reafter_2:
            if (in_str.rfind(after_reafter)==1):
                pos[0], pos[1], pos[2] = 3, 7, 8
                words_18785[cur][-1] = '基字+后加字+再后加字'
                fin = True
                break
        if (fin == False):
            pos[0], pos[1], pos[2] = 1, 3, 7
            words_18785[cur][-1] = '前加字+基字+后加字'
            fin = True

    assert fin
    for i, char_cur in enumerate(pos):
        words_18785[cur][char_cur] = in_str[i]

def Four_chars(cur):
    fin = False
    in_str = words_18785[cur][0]
    pos = [-1 for i in range(4)]

    for vow in vowel:
        ppos = in_str.find(vow)
        if(ppos==3):
            for base_under_reunder in base_under_reunder_3:
                if (in_str.find(base_under_reunder) == 0):
                    pos[0], pos[1], pos[2], pos[3] = 3, 4, 5, 6
                    words_18785[cur][-1] = '基字+下加字+再下加字+元音'
                    fin = True

            if (fin == False):
                for up_base in up_base_2:
                    ppos2 = in_str.find(up_base)
```

```
                if (ppos2 == 0):
                    pos[0], pos[1], pos[2], pos[3] = 2, 3, 4, 6
                    words_18785[cur][-1] = '上加字+基字+下加字+元音'
                    fin = True
                    break
                elif(ppos2==1):
                    pos[0], pos[1], pos[2], pos[3] = 1, 2, 3, 6
                    words_18785[cur][-1] = '前加字+上加字+基字+元音'
                    fin = True
                    break

        if(fin==False):
            for base_down in base_down_2:
                if(in_str.find(base_down)==1):
                    pos[0], pos[1], pos[2], pos[3] = 1, 3, 4, 6
                    words_18785[cur][-1] = '前加字+基字+下加字+元音'
                    fin = True

    elif(ppos==2):
        for up_base in up_base_2:
            ppos2 = in_str.find(up_base)
            if(ppos2==0):
                pos[0], pos[1], pos[2], pos[3] = 2, 3, 6, 7
                words_18785[cur][-1] = '上加字+基字+元音+后加字'
                fin = True
                break
        for base_down in base_down_2:
            ppos2 = in_str.find(base_down)
            if(ppos2==0):
                pos[0], pos[1], pos[2], pos[3] = 3, 4, 6, 7
                words_18785[cur][-1] = '基字+下加字+元音+后加字'
                fin = True
                break
        if(fin==False):
            pos[0], pos[1], pos[2], pos[3] = 1, 3, 6, 7
            words_18785[cur][-1] = '前加字+基字+元音+后加字'
            fin = True

    elif(ppos==1):
        pos[0], pos[1], pos[2], pos[3] = 3, 6, 7, 8
        words_18785[cur][-1] = '基字+元音+后加字+再后加字'
        fin = True
        break
```

```
if(fin==False):
    for base_under_reunder in base_under_reunder_3:
        if(in_str.find(base_under_reunder)==0):
            pos[0], pos[1], pos[2], pos[3] = 3, 4, 5, 7
            words_18785[cur][-1] = '基字+下加字+再下加字+后加字'
            fin = True
            break

if(fin==False):
    for up_base_down in up_base_down_3:
        ppos = in_str.find(up_base_down)
        if(ppos==1):
            pos[0], pos[1], pos[2], pos[3] = 1, 2, 3, 4
            words_18785[cur][-1] = '前加字+上加字+基字+下加字'
            fin = True
            break
        elif(ppos==0):
            pos[0], pos[1], pos[2], pos[3] = 2, 3, 4, 7
            words_18785[cur][-1] = '上加字+基字+下加字+后加字'
            fin = True
            break

if(fin==False):
    for up_base in up_base_2:
        ppos = in_str.find(up_base)
        if(ppos==1):
            pos[0], pos[1], pos[2], pos[3] = 1, 2, 3, 7
            words_18785[cur][-1] = '前加字+上加字+基字+后加字'
            fin = True
            break
        elif(ppos==0):
            pos[0], pos[1], pos[2], pos[3] = 2, 3, 7, 8
            words_18785[cur][-1] = '上加字+基字+后加字+再后加字'
            fin = True
            break

if(fin==False):
    for base_down in base_down_2:
        ppos = in_str.find(base_down)
        if(ppos==1):
            pos[0], pos[1], pos[2], pos[3] = 1, 3, 4, 7
            words_18785[cur][-1] = '前加字+基字+下加字+后加字'
```

```
                fin = True
                break
            elif(ppos==0):
                for after_reafter in after_reafter_2:
                    if(in_str.rfind(after_reafter)==2):
                        pos[0], pos[1], pos[2], pos[3] = 3, 4, 7, 8
                        words_18785[cur][-1] = '基字+下加字+后加字+再后加字'
                        fin = True
                        break

    if(fin==False):
        for after_reafter in after_reafter_2:
            if(in_str.rfind(after_reafter)==2):
                pos[0], pos[1], pos[2], pos[3] = 1, 3, 7, 8
                words_18785[cur][-1] = '前加字+基字+后加字+再后加字'
                fin = True

    assert fin
    for i, char_cur in enumerate(pos):
        words_18785[cur][char_cur] = in_str[i]

def Five_chars(cur):
    fin = False
    in_str = words_18785[cur][0]
    pos = [-1 for i in range(5)]

    for base_under_reunder in base_under_reunder_3:
        if (in_str.find(base_under_reunder) == 0):
            for after_reafter in after_reafter_2:
                if (in_str.rfind(after_reafter) == 3):
                    pos[0], pos[1], pos[2], pos[3], pos[4] = 3, 4, 5, 7, 8
                    words_18785[cur][-1] = '基字+下加字+再下加字+后加字+再后加字'
                    fin = True
    if(fin==False):
        for vow in vowel:
            ppos = in_str.find(vow)
            if(ppos==4):
                pos[0], pos[1], pos[2], pos[3], pos[4] = 1, 2, 3, 4, 6
                words_18785[cur][-1] = '前加字+上加字+基字+下加字+元音'
                fin = True
                break
            elif(ppos==3):
                for base_under_reunder in base_under_reunder_3:
```

```
            if (in_str.find(base_under_reunder) == 0):
                pos[0], pos[1], pos[2], pos[3], pos[4] = 3, 4, 5, 6, 7
                words_18785[cur][-1] = '基字+下加字+再下加字+元音+后加字'
                fin = True
                break

        if(fin==False):
            for up_base in up_base_2:
                ppos2 = in_str.find(up_base)
                if(ppos2==1):
                    pos[0], pos[1], pos[2], pos[3], pos[4] = 1, 2, 3, 6, 7
                    words_18785[cur][-1] = '前加字+上加字+基字+元音+后加字'
                    fin = True
                    break
                elif(ppos2==0):
                    pos[0], pos[1], pos[2], pos[3], pos[4] = 2, 3, 4, 6, 7
                    words_18785[cur][-1] = '上加字+基字+下加字+元音+后加字'
                    fin = True
                    break

        if(fin==False):
            for base_down in base_down_2:
                if (in_str.find(base_down) == 1):
                    pos[0], pos[1], pos[2], pos[3], pos[4] = 1, 3, 4, 6, 7
                    words_18785[cur][-1] = '前加字+基字+下加字+元音+后加字'
                    fin = True
                    break

    elif(ppos==2):
        for up_base in up_base_2:
            if(in_str.find(up_base)==0):
                pos[0], pos[1], pos[2], pos[3], pos[4] = 2, 3, 6, 7, 8
                words_18785[cur][-1] = '上加字+基字+元音+后加字+再后加字'
                fin = True
                break

        if(fin==False):
            for base_down in base_down_2:
                if(in_str.find(base_down)==0):
                    pos[0], pos[1], pos[2], pos[3], pos[4] = 3, 4, 6, 7, 8
                    words_18785[cur][-1] = '基字+下加字+元音+后加字+再后加字'
                    fin = True
                    break
```

```
                if(fin==False):
                    for after_reafter in after_reafter_2:
                        if(in_str.rfind(after_reafter)==3):
                            pos[0], pos[1], pos[2], pos[3], pos[4] = 1, 3, 6, 7, 8
                            words_18785[cur][-1] = '前加字+基字+元音+后加字+再后加字'
                            fin = True
        if(fin==False):
            for up_base_down in up_base_down_3:
                ppos = in_str.find(up_base_down)
                if(ppos==1):
                    pos[0], pos[1], pos[2], pos[3], pos[4] = 1, 2, 3, 4, 7
                    words_18785[cur][-1] = '前加字+上加字+基字+下加字+后加字'
                    fin = True
                    break
                elif(ppos==0):
                    for after_reafter in after_reafter_2:
                        if(in_str.rfind(after_reafter)==3):
                            pos[0], pos[1], pos[2], pos[3], pos[4] = 2, 3, 4, 7, 8
                            words_18785[cur][-1] = '上加字+基字+下加字+后加字+再后加字'
                            fin = True
                            break

        if(fin==False):
            for up_base in up_base_2:
                if(in_str.find(up_base)==1):
                    pos[0], pos[1], pos[2], pos[3], pos[4] = 1, 2, 3, 7, 8
                    words_18785[cur][-1] = '前加字+上加字+基字+后加字+再后加字'
                    fin = True
                    break

        if(fin==False):
            for base_down in base_down_2:
                if(in_str.find(base_down)==1):
                    pos[0], pos[1], pos[2], pos[3], pos[4] = 1, 3, 4, 7, 8
                    words_18785[cur][-1] = '前加字+基字+下加字+后加字+再后加字'
                    fin = True

        assert fin
        for i, char_cur in enumerate(pos):
            words_18785[cur][char_cur] = in_str[i]

    def Six_chars(cur):
```

```
fin = False
in_str = words_18785[cur][0]
pos = [-1 for i in range(6)]

for vow in vowel:
    ppos = in_str.find(vow)
    if(ppos==4):
        pos[0], pos[1], pos[2], pos[3], pos[4], pos[5] = 1, 2, 3, 4, 6, 7
        words_18785[cur][-1] = '前加字+上加字+基字+下加字+元音+后加字'
        fin = True
        break
    elif(ppos==3):
        for base_under_reunder in base_under_reunder_3:
            if (in_str.find(base_under_reunder) == 0):
                for after_reafter in after_reafter_2:
                    if(in_str.rfind(after_reafter)==4):
                        pos[0], pos[1], pos[2], pos[3], pos[4], pos[5] = 3, 4, 5, 6, 7, 8
                        words_18785[cur][-1] = '基字+下加字+再下加字+元音+后加字+再后加字
'

                        fin = True
                        break

        if (fin == False):
            for up_base in up_base_2:
                ppos2 = in_str.find(up_base)
                if(ppos2==1):
                    pos[0], pos[1], pos[2], pos[3], pos[4], pos[5] = 1, 2, 3, 6, 7, 8
                    words_18785[cur][-1] = '前加字+上加字+基字+元音+后加字+再后加字'
                    fin = True
                    break
                elif(ppos2==0):
                    pos[0], pos[1], pos[2], pos[3], pos[4], pos[5] = 2, 3, 4, 6, 7, 8
                    words_18785[cur][-1] = '上加字+基字+下加字+元音+后加字+再后加字'
                    fin = True
                    break

        if(fin==False):
            for base_down in base_down_2:
                if(in_str.find(base_down)==1):
                    pos[0], pos[1], pos[2], pos[3], pos[4], pos[5] = 1, 3, 4, 6, 7, 8
                    words_18785[cur][-1] = '前加字+基字+下加字+元音+后加字+再后加字'
                    fin = True
                    break
```

```
    if(fin==False):
        for up_base in up_base_2:
            if(in_str.find(up_base)==1):

                pos[0], pos[1], pos[2], pos[3], pos[4], pos[5] = 1, 2, 3, 4, 7, 8
                words_18785[cur][-1] = '前加字+上加字+基字+下加字+后加字+再后加字'
                fin = True
    assert fin
    for i, char_cur in enumerate(pos):
        words_18785[cur][char_cur] = in_str[i]

def Seven_chars(cur):
    fin = False
    in_str = words_18785[cur][0]
    pos = [-1 for i in range(7)]
    for vow in vowel:
        if(in_str.find(vow)==4):
            pos[0], pos[1], pos[2], pos[3], pos[4], pos[5], pos[6] = 1, 2, 3, 4, 6, 7, 8
            words_18785[cur][-1] = '前加字+上加字+基字+下加字+元音+后加字+再后加字'
            fin = True
            break

    assert fin
    for i, char_cur in enumerate(pos):
        words_18785[cur][char_cur] = in_str[i]
```

③ 主函数：

```
if __name__ == '__main__':
    '''
        从全藏字集中读入18785个藏文音节。
        同时形成一个形状如下的words_18785列表：
            [ [音节1, '', '', ...8个初始为空的构件位], [], [], ...18785个[] ]
    '''
    with open('18785_words.txt', 'r', encoding='utf-8') as f:
        for i in range(18785):
            S = f.readline().strip()
            temp = []
            temp.append(S)

            for i in range(8):
                temp.append('')
```

```
            temp.append('未知结构')
            words_18785.append(temp)
'''
    根据音节长度调用对应的识别构件函数
    '''

for i, word in enumerate(words_18785):
    if(len(word[0])==1): One_char(i)
    elif(len(word[0])==2): Two_chars(i)
    elif (len(word[0]) == 3): Three_chars(i)
    elif (len(word[0]) == 4): Four_chars(i)
    elif (len(word[0]) == 5): Five_chars(i)
    elif (len(word[0]) == 6): Six_chars(i)
    elif (len(word[0]) == 7): Seven_chars(i)
    else: print('黏着词或者有错，需额外处理')

'''
    记录所有类别的个数
'''
word_M = {}
for i, word in enumerate(words_18785):
    if (word_M.get(word[-1]) == None):
        word_M[word[-1]] = 1
    else:
        word_M[word[-1]] += 1

class_num = 0
ans = []
char_num = 0
for Key, value in word_M.items():
    # print(f'{Key} = {value}')
    char_num += value
    ans.append([Key, value])

ans.sort(key=lambda x: len(x[0]))

a_cur = 0
for name in class_name:
    for a in ans:
        if (a[0] == name):
```

```
                a_cur += 1
                class_num += 1
                print(a_cur, a)

    print(f'总类别个数为：{class_num}，总输出的字符个数为：{char_num}')
    print(len(words_18785))

    '''
        存储进 Excel 表格

    '''
    excel = xlwt.Workbook(encoding='utf-8', style_compression=0)
    sheet = excel.add_sheet('字符结构', cell_overwrite_ok=True)
    col = ('藏字', '前加字' ,'上加字', '基字', '下加字', '再下加字', '元音', '后加字', '再后加字', '类别名')
    for i in range(0, 10):
        sheet.write(0, i, col[i]) # 在表单 sheet 的第 0 行，第 i 列 写入字符 col[i]

    for i, word in enumerate(words_18785):
        for j in range(0, 10):
            sheet.write(i+1, j, word[j])

    excel.save('Classified.xls')}
```

4.4.2 运行说明

main()函数中的输入和输出文件名以及文件路径可以根据具体情况修改。

（1）输入文件：

```
with open('18785_words.txt', 'r', encoding='utf-8') as f:
    for i in range(18785):
        S = f.readline().strip()
        temp = []
        temp.append(S)
        for i in range(8):
            temp.append('')
        temp.append('未知结构')
        words_18785.append(temp)
```

（2）输出文件：

```
excel = xlwt.Workbook(encoding='utf-8', style_compression=0)
sheet = excel.add_sheet('字符结构', cell_overwrite_ok=True)
col = ('音节', '前加字' ,'上加字', '基字', '下加字', '再下加字', '元音', '后加字', '再后加字', '类别名')
for i in range(0, 10):
```

```
        sheet.write(0, i, col[i]) # 在表单 sheet 的第 0 行，第 i 列 写入字符 col[i]
for i, word in enumerate(words_18785):
        for j in range(0, 10):
                sheet.write(i+1, j, word[j])
excel.save('Classified.xls')
```

4.5 运行结果

将程序运行结束后生成的名为“Classified.xls”文件用 Excel 软件打开，如图 4-7 所示。

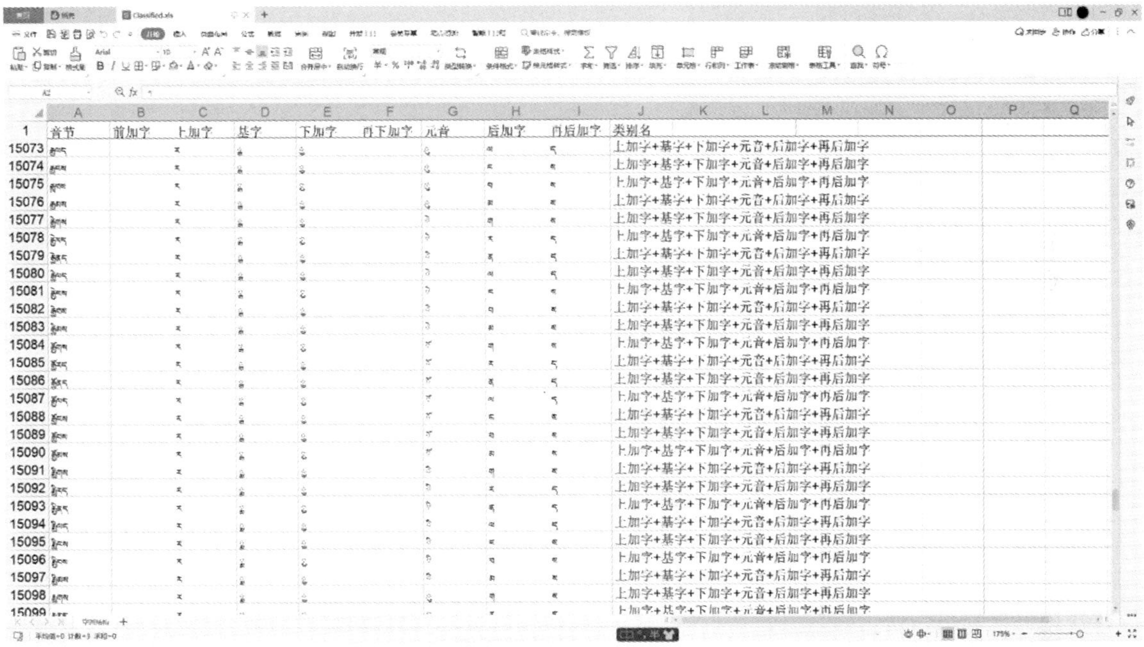

图 4-7　运行结果

4.6 讨论

本程序约束了 14 个二义性音节为“基字+后加字+再后加字”，而其他为“前加字+基字+后加字”，类似的音节还有“འལད、འརད、བལད、དབས、མརད、འབས、མལད、དནད、མགས、གརད、དལད、འགས、གནད、བརད、གལད、དརད、བནད、མནད、དགས、འནད、དམས”等 21 个。解决歧义可以考虑增加约束条件，不同的约束条件可能得到不同的结果，只要满足自己提出的约束规定即可。

4.7 算法分析

4.7.1 时间复杂度

算法运行中，每个元素处理 1 次，故时间复杂度为 $O(n)$。

4.7.2 空间复杂度

1. 存储空间

存储 18 785 个藏文音节及其构件的列表，即 $O(n)$。

2. 临时空间

存储用于查询的 6 张表，即 $O(1)$。

第 2 篇 ╱藏文字符排序

1. 藏文排序问题描述

藏文的排序是指依据一定的规则确定藏文音节的排放次序。由于藏文的拼写不同于英文和汉字，即它是横向拼写和纵向拼写的非线性组合，所以藏文音节的排序变得比较复杂。藏文字符的排序不是以类似于英文等字符的先后次序从第一个字符开始比较，而是以基字等不同的构件作为比较的先后次序进行排序。这种藏文字符的序列是藏文编撰字典的序列，故也有人称之为藏文的字典序列，随着人们长期应用使得其成为默认的藏文字符序列。本篇利用计算机对一定数量的藏文音节进行排序算法研究，使其结果符合藏文字典序列，并对其排序效率进行分析。

2. 现代藏字的字典序列

藏文字典序是给藏文排序的一种较为科学的方法，是按照不同构件的优先顺序比较藏字各构件的字符来确定藏字的序列。藏文字典序也是人为规定的一种序列，是经过长期的使用被人们接受的一种藏文排序的序列。

经研究发现，藏文字典序是人为规定的一种序列，故不同的字典对字的序列规定也有所差别。通过分析《藏汉大辞典》[①]等权威词典的排序情况，得到了藏字的字典序列有着分层循环的规律，其序列的层次如下：

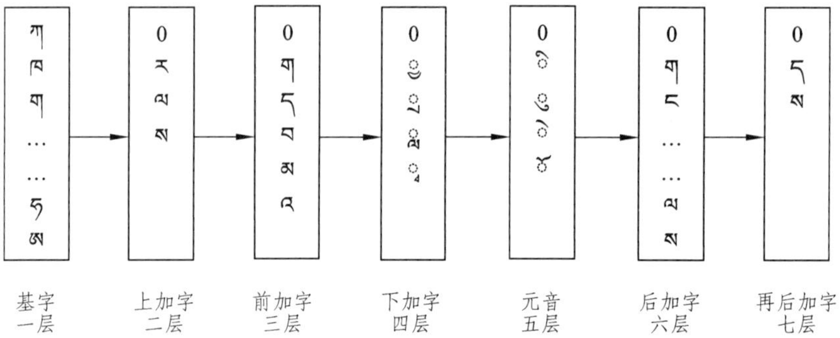

最核心的层次即第一层，是基字层，这是构成每个藏字的基础和必不可缺少的构件；第二层到第七层分别是上加字、前加字、下加字、再下加字、元音、后加字和再后加字，这些字符不是构成藏字必不可少的成分，即按照藏字的不同，这些构件是可以缺少的，图中用 0 表示该构件缺少。

现代藏字的字典序列是以基字为核心，与二至七层的字符分层组合，每一层又与其外层的字符依次组合，其中构件的辅音序列为藏文字母序。举例说明：字典序中的第一个字是 ཀ 与其他六个层的 0 组合；第二字是 ཀ 与第二至第五层的 0，第六层的 ག 组合；第七层再后加字必须加在后加字之后，也可以认为单一后加字是跟再后加字 0 组合的结果。以此类推，字典字符的序列应该为：ཀ ཀག ཀགས ཀང ཀངས……ཀས ཀི ཀིག ཀིགས……ཀིས ཀུ ཀུག ཀུགས……ཀུས ཀེ ཀེག ཀེགས ……ཀེས ཀོ ཀོག ཀོགས ……ཀོས ཀྱ ཀྱག ཀྱགས……ཀྱི ཀྱིག……ཀྲ ཀྲག……ཀྲི……ཀྲོས ཀླ……ཀྭ……འཀྲོས（如果有的话）ཁ……[②]

到目前为止，许多研究者在藏字排序方面做了许多工作，江荻等[③]构建了藏字排序的数学模型，依据模型为藏文字符进行赋值，按照字符对应的数值组合进行排序。边巴旺堆等人[④]提出了基于 DUCET 排序码的排序思想。这两种方法都首先需要将二维的藏文音节转换为一维的字符串，通过比较字符串实现音节的排序。

通过分析《藏汉大辞典》等词典的排序情况，得到藏字的字典序列是按照藏字的构件进行分层循环的规律，按照“藏文字典序的层次图”，以基字为主关键字，基字相同的情况下，依次比较上加字、前加字、下加字、再下加字、元音、后加字、再后加字。因此，构件如何识别和如何比较构件元素组成的字符串是藏文排序算法的两个关键问题。

① 张怡荪. 藏汉大辞典[M]. 北京：民族出版社，1984.
② 高定国，珠杰. 藏文信息处理的原理与应用[M]. 成都：西南交通大学出版社，2014.
③ 江荻，康才. 书面藏语排序的数学模型及算法[J]. 中文信息学报，2004，4：524-529.
④ 边巴旺堆，卓嘎，董志诚，等. 藏文排序优先级算法研究[J]. 中文信息学报，2015，1：191-196.

第 5 章 全藏字的插入排序

5.1 问题描述

插入排序是计算机排序的一种基本算法。本章把插入排序应用到现代藏字的排序中，编写程序对 18 785 个现代藏字全集进行排序，并对其排序效率进行分析。

5.2 问题分析

5.2.1 理论依据

1. 插入排序

插入排序的思想是将数据分为“已排序”和“待排序”两个部分，每次从“待排序”中取一个数据放到“已排序”中的正确位置，直到“待排序”中没有数据为止。

插入排序使用了增量方法：在排序子数组 A[1⋯j – 1]中，将单个元素 A[j]插入子数组的适合位置，产生排好序的子数组 A[1⋯j]。程序在运行过程中将排好序的子数组从 A[1]逐步增加到 A[1⋯n]，而待排序的子数组从 A[2⋯n]逐步减少到 0。

2. 程序中的有关语法

1）xls 文件读取

Python 使用 xlrd 库来实现对表格的操作。

模块导入方式：

```
import xlrd
```

导入 xlrd 库，调用 open_workbook 方法，即打开 workbook 获取 Book 对象：

```
BookObject = xlrd.open_workbook(filename)
```

获取 Excel 表格内容中的页面信息，即获取 Book 对象中所有 Sheet 对象，以列表形式显示：

```
SheetObjects = BookObject.sheets()
```

获取第 num0 工作表中第 num1 行的内容，以列表的形式返回：

```
col_list = SheetObject[num0].row_values(num1)
```

2）程序运行时间的计算

本案例拟记录程序运行的时间，用于分析各排序算法的性能。

导入 time 库：

```
import time
```

获取当前时间戳：

```
time_start = time.time()
```

获取经过的时间：

```
time_waste = time.time() - time_start
```

5.2.2 算法思想

按照以上的理论依据，确定算法思想如下：

（1）藏文排序要按构件比较藏文音节字，所以从文本中读取藏字后，先要识别构件，同时构件与藏文音节字要作为一个整体，把读取的音节和识别的构件存入同一列表中。

（2）读入全藏字集拆分构件后的文件（即第 4 章程序运行的结果），生成一个 18 785 × 10 的列表。其中读入构件时，藏文叠加辅音字母还原为非叠加的辅音字符（如◌ྐ->ཀ）后再进行存储。

（3）用插入排序的思想对列表中的数据进行排序。

根据插入排序的思想，从列表的第二个元素开始，将列表中的每一个元素按照大小插入已经排好的序列表的合适位置，以达到排序的目的。初始化时 18 785 个无序的记录存放在列表 word_18785_ns 中，排序时进行二重循环。每一次外循环完成一个记录的插入操作，内循环的功能则是确定当前记录的插入位置，其主要操作是比较记录的关键字和移动记录。在算法中，将 key 作为辅助单元，每次外循环开始时先把当前要插入的记录 unsorted[i]暂存其中，既作为记录关键字比较的一方，又标志了比较的边界，这样就可以避免每次比较时要判别是否已经比较完所有列表的数据，从而有效地控制内循环的结束。设置一个变量 key 值用比较函数 cmp 与 unsorted[j]进行比较，当 unsorted[j]大于 key 值时，将 unsorted[j]的值向后移动一位，直到找到满足 unsorted[j]<=key 或 j<0（key 值为当前最小），内循环结束，将 key 值放入该位置。

unsorted[j]和 key 是列表类型，列表类型可以直接进行比较，但由于需要按照藏文字典序对藏文音节进行排序，所以比较藏文两音节需要遵循以下原则：

① 比较基字，即第 3 位。若基字不相等，则比较结束，返回基字的比较结果，否则执行第②步。

② 比较上加字，即第 2 位。若上加字不相等，则比较结束，返回上加字的比较结果，否则执行第③步。

③ 比较前加字，即第 1 位。若前加字不相等，则比较结束，返回前加字的比较结果，否则执行第④步。

④ 较下加字，即第 4 位。若下加字不相等，则比较结束，返回下加字的比较结果，否则执行第⑤步。

⑤ 比较再下加字，即第 5 位。若再下加字不相等，则比较结束，返回再下加字的比较结果，否则执行第⑥步。

⑥ 比较元音，即第 6 位。若元音不相等，则比较结束，返回元音的比较结果，否则执行第⑦步。

⑦ 比较后加字，即第 7 位。若后加字不相等，则比较结束，返回后加字的比较结果，否则执行第⑧步。

⑧ 比较再后加字，即第 8 位。返回再后加字的比较结果，比较结束。

（4）输出排序结果。

5.3 算法设计

5.3.1 流程图

1. 主函数流程

主函数流程如图 5-1 所示，其中插入排序流程如图 5-2 所示。

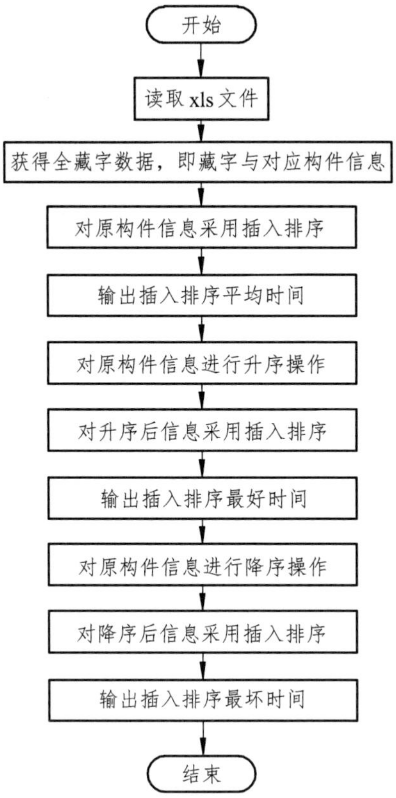

图 5-1 主函数流程图

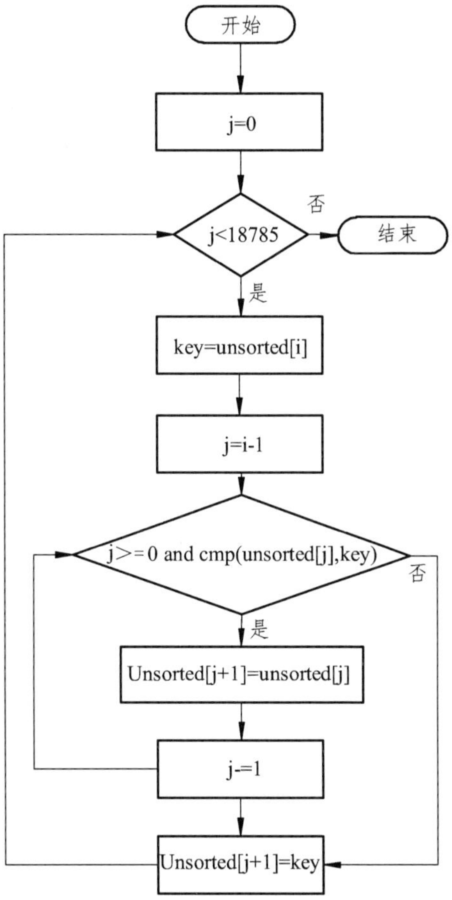

图 5-2 插入排序流程图

2. 主函数中比较 unsorted[j]和 key 的流程图

主函数中比较 unsorted[j]和 key 是程序关键的一部分，流程如图 5-3 所示。

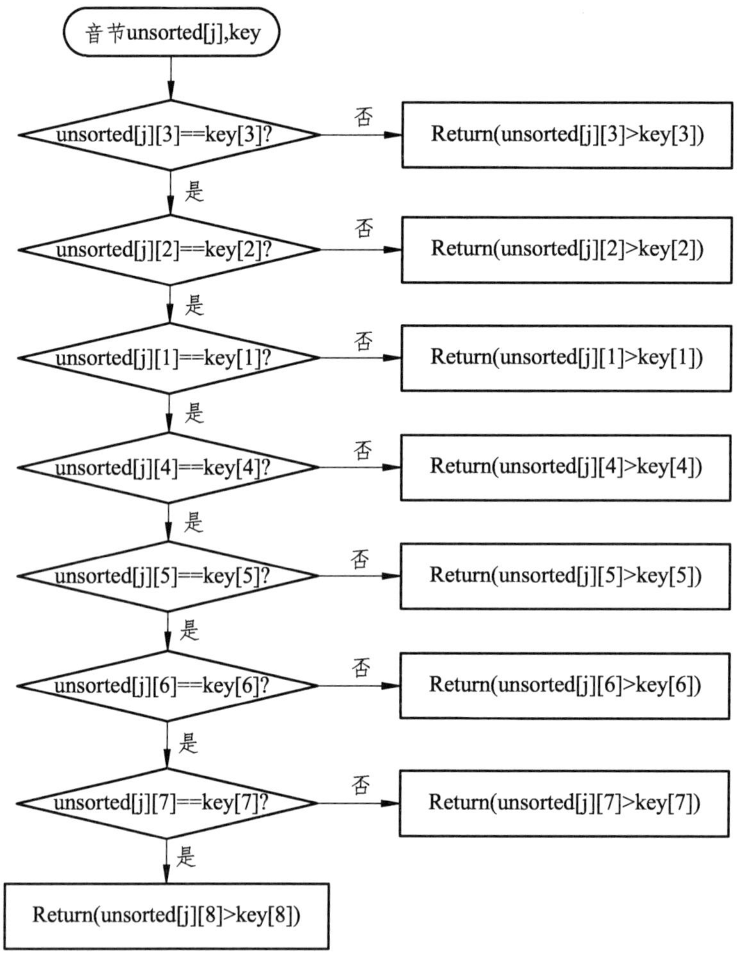

图 5-3　比较音节大小的流程图

5.3.2 伪代码

1. 插入排序算法的伪代码

```
def Insertion_sort(unsorted, reverse=False):
# 通过设置 reverse 使用函数进行升序插入排序和降序插入排序
    for i in range(1, len(unsorted)):
        key = unsorted[i]
        j = i-1
    while(j>=0 and cmp(unsorted[j], key)==reverse):
        unsorted[j+1] = unsorted[j]
        j -= 1
    unsorted[j+1] = key
```

2. 比较 2 个藏文列表的大小

```
def cmp(a,b):
```

```
# 以基字为核心，分层比较藏字的大小
    order_list = [3,2,1,4,5,6,7,8]
    # 按照基字、上加字、前加字、下加字、再下加字、元音、后加字、再后加字进行比较
    for i in order_list:
        if(a[i]==b[i]): continue
        return a[i]<b[i]
return False
```

5.4 程序实现

5.4.1 代码

（1）新建一个项目。

（2）在项目中新建一个名为“insertion_sort.py”的文件，其中添加代码如下：

① 导入库，定义变量，读取文件：

```
import time
import xlrd

file_path = 'Classified.xls'
data = xlrd.open_workbook(file_path, encoding_override='utf-8')
table = data.sheets()[0]
# 读取 xls 数据

constant_unconverted = ['\u0F90', '\u0F91', '\u0F92', '\u0F94', '\u0F95', '\u0F96', '\u0F97', '\u0F99', '\u0F9F', '\u0FA0','\u0FA1', '\u0FA3', '\u0FA4', '\u0FA5', '\u0FA6', '\u0FA8', '\u0FA9', '\u0FAA', '\u0FAB', '\u0FAE', '\u0FAF', '\u0FB0', '\u0FB3', '\u0FB4', '\u0FB6', '\u0FB7', '\u0FB8', '\u0FBA', '\u0FBB', '\u0FBC',]

def import_excelTable(table):
# 读取第 4 章构件拆分后的 xls 文件数据
    word_18785_ns = []
    for i in range(1, table.nrows):
        word = table.row_values(i)
        for j in range(1, 9):
            if(word[j] in constant_unconverted):
                word[j] = chr(ord(word[j])-80)
        word_18785_ns.append(word)
    return word_18785_ns
```

② 比较藏字，定义插入排序：

```
def cmp(a, b):
# 用于比较两个藏字
    order_list = [3,2,1,4,5,6,7,8]
    for i in order_list:
```

```
            if(a[i]==b[i]): continue
            return a[i]<b[i]
        return False

def Insertion_sort(unsorted, reverse=False):
# 通过设置参数对数据进行升序排序或降序排序
    for i in range(1, len(unsorted)):
        key = unsorted[i]
        j = i-1
        while(j>=0 and cmp(unsorted[j], key)==reverse):
            unsorted[j+1] = unsorted[j]
            j -= 1
        unsorted[j+1] = key
```

③ 定义主函数：

```
if __name__ == '__main__':
    word_18785_ns = import_excelTable(table)
    # 用于测试插入排序的平均时间
    word_18785_inverted = import_excelTable(table)
    # 用于测试插入排序的最优时间
    word_18785_ordered = import_excelTable(table)
    # 用于测试插入排序的最坏时间
    Insertion_sort(word_18785_ordered)
    # 获得升序数据
    Insertion_sort(word_18785_inverted, reverse=True)
    # 获得降序数据

    timeA = time.time()
    Insertion_sort(word_18785_ns)
    timeB = time.time()
    Insertion_sort(word_18785_inverted)
    timeC = time.time()
    Insertion_sort(word_18785_ordered)
    timeD = time.time()
    print(f'平均时间{timeB-timeA}s\n 最坏时间{timeC-timeB}s\n 最优时间{timeD-timeC}s')
    # 保存结果
    write_path = 'ordered sequence Tibet.txt'
    with open(write_path, 'w', encoding='utf-8') as f:
        for word in word_18785_ns:
            f.write(char[0])
            f.write('\n')
```

5.4.2 代码使用说明

运行时，请按照自己的计算机地址修改写入文件的地址：

```
file_path = 'Classified.xls' # 读入文件的路径
write_path = 'ordered sequence Tibet.txt' # 输出文件的路径
```

5.5 运行结果

按照以上程序，将 18 785 个现代藏字按照字典序进行排序，结果如图 5-4 所示。

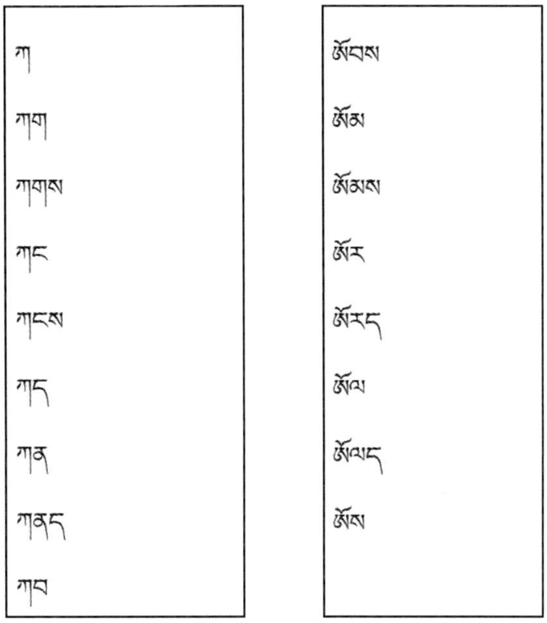

图 5-4 运行结果

5.6 算法分析

5.6.1 时间复杂度分析

按照插入排序的思想，排序过程中主要是比较与移动两种操作，算法的时间复杂度就是比较和移动两个操作的时间决定的。

1. 最佳情况

待排序的数据本身就是有序的，是升序，只有比较操作而没有移动操作。比较的次数是 n–1 次，时间的复杂度理论上就是 $O(n-1)$，排序的数据有 18 785 个，则理论上比较的次数是 18 784 次，即最佳的时间复杂度为 $O(n)$。

由程序返回的运行时间可知，一个 CUP 为 2.3 GHz 的计算机用了 0.013 087 034 225 463 867 s。

2. 最坏情况

待排序的数据本身是逆序，则：

比较的次数是 $1+2+3+\cdots+(n-1)=\frac{n}{2}(n-1)$

移动的次数是 $1+2+3+\cdots+(n-1)=\frac{n}{2}(n-1)$

总的插入排序的时间复杂度：$2\times\frac{n}{2}(n-1)=n(n-1)=O(n^2)$

测试到一个 CUP 为 2.3 GHz 的计算机用了 63.49 405 312 538 147 s。

3. 平均情况

假如待排序的数据是第 j 个元素，平均来说 $A[1\cdots j-1]$中一半的元素小于 $A[j]$，一半的元素大于 $A[j]$，则比较的次数就是 $\frac{j-1}{2}+1$ 次，移动的次数就是 $\frac{j-1}{2}$ 次，处理第 j 个元素的时间复杂度就是 $\left(\frac{j-1}{2}+1\right)+\frac{j-1}{2}=j$ 。

处理 n 个元素就要用 $1+2+3+\cdots+n=\frac{n}{2}(n+1)=O(n^2)$ 。

测试到一个 CUP 为 2.3 GHz 的计算机用了 32.555 286 169 052 124 s。

5.6.2 空间复杂度分析

1. 存储空间

算法中存储藏字全集的每一个音节，数量为 18 785，因此存储空间大约为 $O(n)$。

2. 临时空间

临时变量 key 用于存储比较的一个藏字，即 $O(1)$。

第 6 章 全藏字的归并排序

6.1 问题描述

本章将归并排序的思想应用到现代藏字的排序中，编写程序对 18 785 个现代藏字进行排序，并对其排序效率进行分析。

6.2 问题分析

6.2.1 理论依据

归并排序是建立在归并操作上的一种有效的排序算法，该算法是分治法一个非常典型的应用。分治法的思想是[①]：将原问题分解为几个规模较小但类似于原问题的子问题，递归地求解这些子问题，然后再合并这些子问题的解来建立原问题的解。

分治模式在每层递归时都有 3 个步骤：

分解：把原问题划分为若干规模较小的子问题，这些子问题是原问题的规模较小的实例（决定了问题可以递归地解决）；

解决：递归地解决这些子问题，若子问题的规模足够小，则直接求解（递归结束的条件）；

合并：子问题的解合并得到原问题的解。

6.2.2 算法思想

按照分治法的理论设计的算法思想如下：

（1）首先从文本中读取藏字全集，并进行构件识别，读取的音节和识别构件的结果存入列表中。

（2）按照归并排序的方法对列表中的数据进行排序。

归并排序是利用递归和分而治之的方法将数据序列划分成为原规模的 n/2 的子表，再递归地对子表进行归并，对应分治法的 3 个步骤：

① 分解：每次按照 q=(p+r)/2 取列表的中间位置，起始时 p=0,r= TibetNum；

② 解决：分别对列表 A[p…q]和 A[q+1…r]进行归并排序 MERGE-SORT(A,p,r)；

③ 合并：将已排序的 A[p…q]和 A[q+1…r]合并成最终的有序列表 MERGE(A,p,q,r)。

具体操作如下：

首先调用 MERGE-SORT(A,p,r)将待排序的列表划分为两个列表，再递归调用 MERGE-SORT(A,p,r)将两个子列表划分为更小的列表，直到列表只有一个元素，然后开始调用 MERGE(A,p,q,r)合并相邻的两个小列表。合并操作的过程如下：

① 申请两个列表空间 L 和 R，将待合并的两个列表赋值给这两个空列表，而原来的两个列表用来存放合

---

① Cormen T H,et al. 算法导论[M]. 殷建平，等，译. 3 版. 北京：机械工业出版社，2015.

并后的数据；

② 设定两个列表下标，最初位置分别为两个待合并列表的起始位置；

③ 比较两个列表下标所指向的元素，选择相对小的元素放入合并空间，并移动列表下标到下一位置；

④ 重复步骤③直到某一列表下标达到序列尾；

⑤ 将另一序列剩下的所有元素直接复制到合并序列尾。

通过先递归分解待排序数列，再合并数列就完成了归并排序的过程，从而实现归并排序。

与第 5 章一致，归并排序中藏字的大小也通过比较确定。在本章将采用一种映射的方法，对藏字的构件赋予权重，由构件的权重计算出每个藏字的映射数值。

（3）输出排序结果。

6.3 算法设计

6.3.1 流程图

（1）主函数流程如图 6-1 所示。

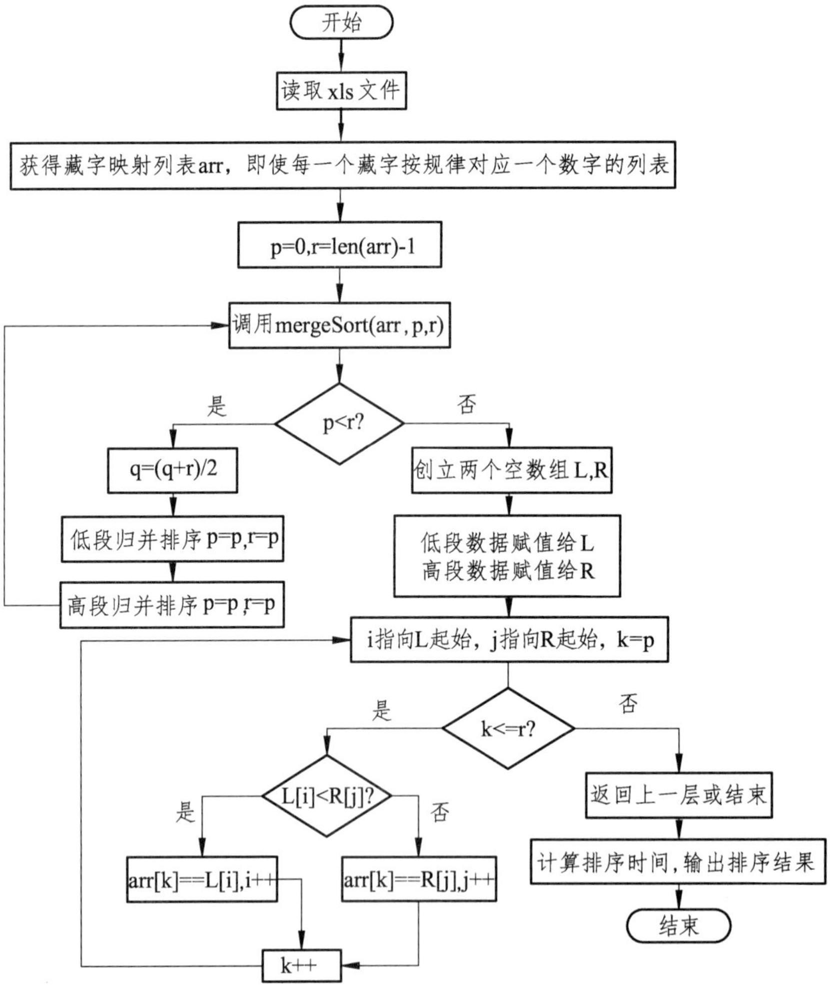

图 6-1 主函数流程图

（2）主函数中藏字映射数字是程序关键的一部分，其流程如图 6-2 所示。

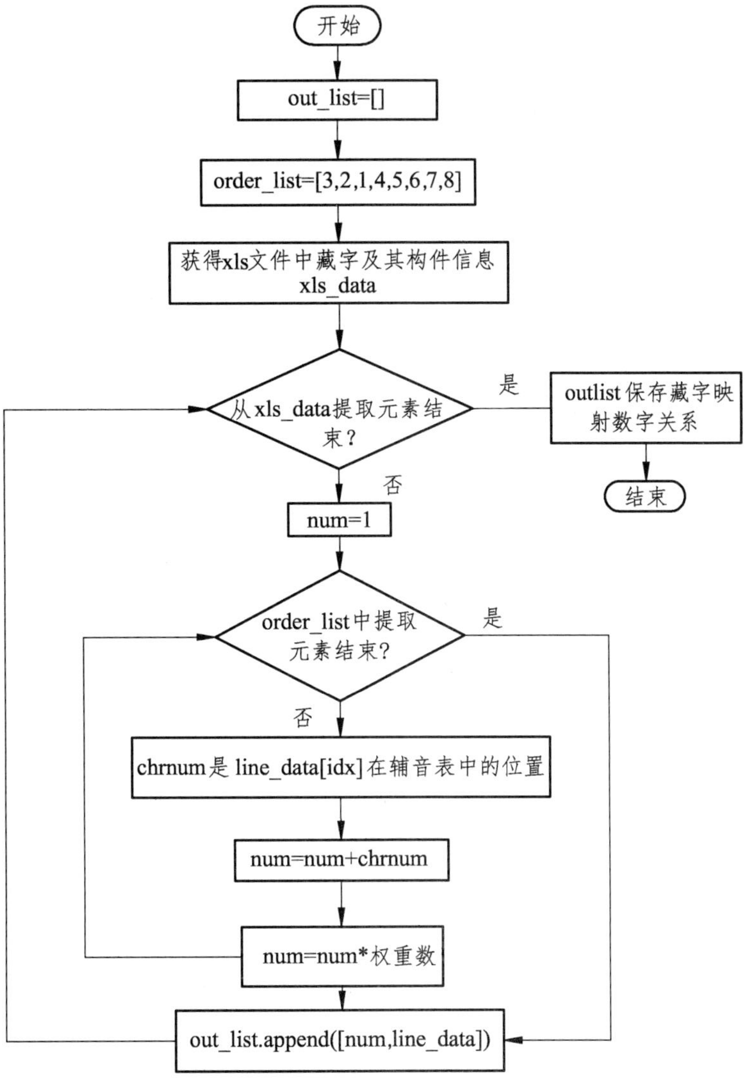

图 6-2 藏字映射流程图

6.3.2 伪代码

1. 合并算法的伪代码

```
def merge(arr, l, m, r):
# arr 是内部元素为[id,藏字]的列表，l 为左边界， m 为中间点，r 为右范围
    n1 = m - l + 1
    n2 = r - m
    # 创建临时数组
    L = [[]] * (n1)
    R = [[]] * (n2)
    # 拷贝数据到临时数组 arrays L[] 和 R[]
    for i in range(0, n1):
        L[i] = arr[l + i]
    for j in range(0, n2):
        R[j] = arr[m + 1 + j]
```

```
        # 归并临时数组到 arr[l…r]
    i = 0  # 初始化第一个子数组的索引
    j = 0  # 初始化第二个子数组的索引
    k = l  # 初始归并子数组的索引
    while i < n1 and j < n2:
        if L[i][0] <= R[j][0]:
            arr[k] = L[i]
            i += 1
        else:
            arr[k] = R[j]
            j += 1
        k += 1
    # 拷贝 L[] 的保留元素
    while i < n1:
        arr[k] = L[i]
        i += 1
        k += 1
    # 拷贝 R[] 的保留元素
    while j < n2:
        arr[k] = R[j]
        j += 1
        k += 1
```

2. 归并排序算法的伪代码

```
def mergeSort(arr, l, r):
# arr 为内部元素为[id,藏字]的列表，l 为左边界，r 为右边界
    if l < r:
        m = int((l + (r - 1)) / 2)
        mergeSort(arr, l, m)
        mergeSort(arr, m + 1, r)
        merge(arr, l, m, r)
```

3. xls 文件读取以及藏字映射数字的伪代码

```
def dataloard(path):
# path 为第 4 章藏字拆分生成结果的 xls 文件路径
    with xlrd.open_workbook(path) as file:  # 获得 xls 文件的对象
        table = file.sheets()[0]
        list_out = list()  # 创建保存映射关系的列表
        for i in range(1, table.nrows):
            list_values = table.row_values(i)  # 对 xls 文件进行按行的数据读取
            order_num = 0  # id 清零
            for num, j in enumerate(order_list):
                if list_values[j] != '':  # 对非空构件进行处理
```

```
                char_x = trans_normal_fuyin(list_values[j])  # 对叠加藏字进行转换
                order_num += all_list[num].index(char_x) + 1
                # 获得对应构件在排序顺序中的位置信息
            order_num *= 100  # id 值更新
        list_out.append([order_num, list_values[0]])
    return list_out
```

6.4 程序实现

6.4.1 代码

（1）新建一个项目。

（2）在项目中新建一个名为“mergeSort.py”的文件，其中添加代码如下：

① 导入库，定义变量：

```
import xlrd
import time

consonant = ['ཀ', "ཁ", "ག", 'ང', 'ཅ', 'ཆ', 'ཇ', 'ཉ', 'ཏ', 'ཐ', 'ད', 'ན', 'པ', 'ཕ', 'བ',
             'མ', 'ཙ', 'ཚ', 'ཛ', 'ཝ', 'ཞ', 'ཟ', 'འ', 'ཡ', 'ར', 'ལ', 'ཤ', 'ས', 'ཧ', 'ཨ']
preffix_w = ['\u0F42', '\u0F51', '\u0F56', '\u0F58', '\u0F60']
up_w = ['\u0F62', '\u0F63', '\u0F66']
down_w = ['\u0F61', '\u0F62', '\u0F63', '\u0F5D']
exdown_w = ['\u0F5D']
meta_w = ["◌ི", "◌ུ", "◌ེ", "◌ོ"]
suffix_w = ["ག", "ང", "ད", "ན", "བ", "མ", "འ", "ར", "ལ", "ས"]
exsuffix_w = ['ད', "ས"]

all_list = [consonant, up_w, preffix_w, down_w, exdown_w, meta_w, suffix_w, exsuffix_w]

order_list = [3, 2, 1, 4, 5, 6, 7, 8]
```

② 定义函数：

```
def trans_normal_fuyin(char):
    temp_num = ord(char)
    if temp_num >= 0xF90:
        temp_num -= (0xF90 - 0xF40)
    return chr(temp_num)

def dataloard(path):
    with xlrd.open_workbook(path) as file:
        table = file.sheets()[0]
        list_out = list()
        for i in range(1, table.nrows):
```

```
            list_values = table.row_values(i)
            order_num = 0
            for num, j in enumerate(order_list):
                if list_values[j] != '':
                    char_x = trans_normal_fuyin(list_values[j])
                    order_num += all_list[num].index(char_x) + 1
                order_num *= 100

            list_out.append([order_num, list_values[0]])
        return list_out
```

③ 定义归并排序的函数：

```
def merge(arr, l, m, r):
    n1 = m - l + 1
    n2 = r - m

    # 创建临时数组
    L = [[]] * (n1)
    R = [[]] * (n2)

    # 拷贝数据到临时数组 arrays L[] 和 R[]
    for i in range(0, n1):
        L[i] = arr[l + i]

    for j in range(0, n2):
        R[j] = arr[m + 1 + j]

        # 归并临时数组到 arr[l...r]
    i = 0   # 初始化第一个子数组的索引
    j = 0   # 初始化第二个子数组的索引
    k = l   # 初始归并子数组的索引

    while i < n1 and j < n2:
        if L[i][0] <= R[j][0]:
            arr[k] = L[i]
            i += 1
        else:
            arr[k] = R[j]
            j += 1
        k += 1

    # 拷贝 L[] 的保留元素
    while i < n1:
        arr[k] = L[i]
```

```
            i += 1
            k += 1

        # 拷贝 R[] 的保留元素
        while j < n2:
            arr[k] = R[j]
            j += 1
            k += 1

def mergeSort(arr, l, r):
    if l < r:
        m = int((l + (r - 1)) / 2)
        mergeSort(arr, l, m)
        mergeSort(arr, m + 1, r)
        merge(arr, l, m, r)
```

④ 主函数：

```
if __name__ == '__main__':
    path = r'Classified.xls'
    write_path = r'ordered sequence Tibet.txt'
    time_ = time.time()
    datas = dataloard(path)
    time_ = time.time() - time_
    print(time_)
    time_ = time.time()
    mergeSort(datas,0,len(datas)-1)
    time_ = time.time()-time_
    print(time_)
    with open(write_path, 'w', encoding='utf-8') as f:
        for word in datas:
            f.write(word[1])
            f.write('\n')
```

6.4.2 代码使用说明

运行时，请按照自己的计算机地址修改写入文件的地址：

```
path = r'Classified.xls'
write_path = r'ordered sequence Tibet.txt'
```

6.5 运行结果

按照以上程序，将 18 785 个现代藏字按照字典序排序的结果如图 6-3 所示。

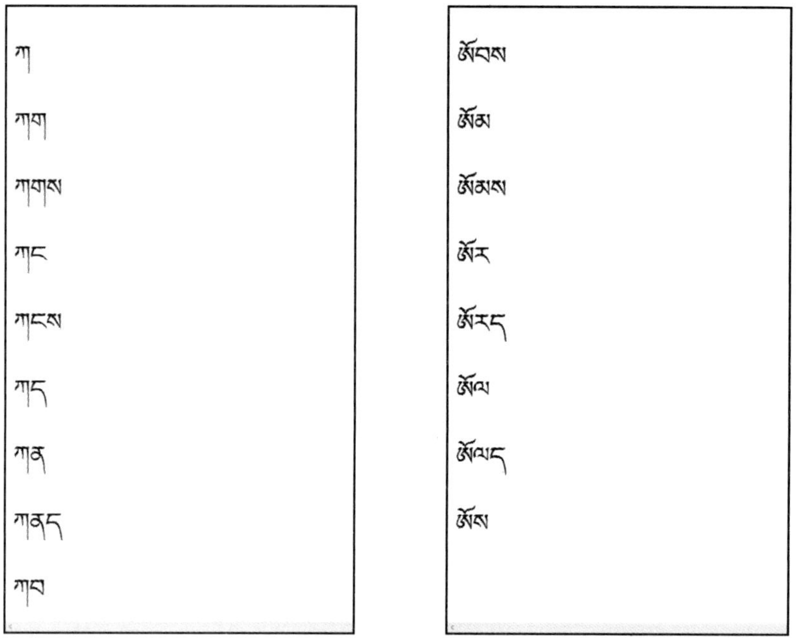

图 6-3 运行结果

6.6 算法分析

6.6.1 时间复杂度分析

该算法采用了分治法来解决问题，分治法的时间复杂度是：

$$T(n)=\begin{cases}\theta(1) & \text{若}n\leqslant c\\ aT\left(\dfrac{n}{b}\right)+D(n)+C(n) & \text{其他}\end{cases}$$

在归并算法中，三个过程的时间如下：

分解：通过 $q=\lfloor (p+r)/2 \rfloor$ 计算数组的中间位置，时间是 $D(n)=\theta(1)$；

解决：递归地解决 $n/2$ 规模的子问题，时间是 $2T(n/2)$；

合并：合并 n 个元素，时间是 $C(n)=\theta(n)$。

当算法中含有对其自身的递归调用时，其运行时间可以用递归方程来表示。合并排序算法的时间复杂度为

$$T(n)=\begin{cases}\theta(1) & \text{如果}n=1\\ 2T(n/2)+\theta(n) & \text{如果}n>1\end{cases}$$

用递归数来解，递归树的高度为

$$\lg n+1$$

每层代价为 cn，总代价为

$$\mathrm{cn}(\lg n+1)=\mathrm{cn}\lg n+\mathrm{cn}=\theta(n\lg n)$$

6.6.2 空间复杂度分析

1. 存储空间

算法中使用的藏字全集音节数量为 18 785。因此，需要存储空间为 $O(\mathrm{cn})$。

2. 临时空间

递归调用过程中，递归树每层的空间分配从 n 变化到 $n/2$，$n/4$，…，1，但子问题规模从 1 变化到 2,4，…，$n/2$，n。空间占据最多是 n，即空间复杂度为 $O(n)$。

第7章 全藏字的堆排序

7.1 问题描述

本章将堆排序的思想应用到现代藏字的排序中，编写程序对18 785个现代藏字进行排序，并分析其排序效率。

7.2 问题分析

7.2.1 理论依据

1. 堆

“堆”是一种数据结构①，各个结点之间的逻辑关系类似于一棵完全二叉树，所以堆可以以数组的形式顺序存储在计算机中。表示堆的数组A包含两个属性：A.length给出数组元素的总数；A.heap-size表示存储在数组中的堆元素个数。二叉堆就是满足以下两个特性的堆。

（1）父结点的键值总是大于或等于（小于或等于）任何一个子结点的键值。

二叉堆有两种：最大堆和最小堆。

最大堆的性质是指除了根结点以外的所有结点i都要满足A[PARENT(i)]>=A[i]，堆的最大元素存放在根结点中。

最小堆的性质是指除了根结点以外的所有结点i都要满足A[PARENT(i)]<=A[i]，堆的最小元素存放在根结点中。

（2）每个结点的左子树和右子树都是一个二叉堆（最大堆或最小堆）。

如果堆元素的下标从1开始，则很容易得到结点i的根结点和左右孩子的下标：

parent(i)=[i/2];

left(i)=2*i;

right(i)=2*i+1;

若堆元素的下标从0开始，则

parent(i)=[（i－1）/2];

left(i)=2*i+1;

right(i)=2*(i+1);

用列表来表示堆，i结点的父结点下标就为(i－1) / 2，左右子结点下标分别为(2* i+1)和(2* i+ 2)。

一个堆中结点的高度定义为该结点到叶结点最长简单路径边的数目；把堆的高度定义为根结点的高度。一个包含n个元素的堆可以看作一棵完全二叉树，那么堆的高度是$\Theta(\log n)$。

1）维护堆的性质

Adjust_heap用于维护堆的性质。对每一棵子树构建两个变量root和child，root存储根结点，child先存储此子树的左结点，后通过赋值操作存储此子树的右结点，分别与根结点进行比较。比较后使三个结点中最大（小）的结点置于子树根结点的位置。

① Cormen T H,et al.算法导论[M]. 殷建平，等，译. 3版. 北京：机械工业出版社，2015.

每次调整可能破坏下一级的堆，故自顶向下进行调整。

```
Adjust_heap(unsorted, l, r, reverse): # l，r 分别代表被排序的序列的左右范围
    root = l
    child = root*2 + 1
    while(child<=r):
        if (子树有右结点，且右结点与左结点的对比==reverse):
            右结点更大（小），令 child=右结点
        if (右结点与根结点的对比==reverse):
            将结点中较大（小）值放在根上
            可能会破坏下一级堆的性质，重新自顶向下调整堆
        else:
            break
```

复杂度是 $O(h) = O(\lg n)$。

2）建堆

建堆的 Heap_sort 函数，对于一个顺序存储 n 个结点的二叉树，以最后一个内部结点 $n//2 - 1$ 开始到 0 结点的索引 st（$0 \leqslant st \leqslant n//2 - 1$）依次调用 Adjust_heap 函数进行调整，使之成为大（小）根堆。

```
def Heap_sort(unsorted, reverse=False):
    leaf_root = len(unsorted)//2 – 1    # 此结点是最后一个叶子结点的父亲结点
    for st in range(leaf_root, – 1, – 1):    # 此结点之前的结点都作为根存在
        Adjust_heap(unsorted, st, len(unsorted) – 1, reverse)    # 自下而上构造大/小根堆
```

在 Heap_sort 中，需要调用 n 次 Adjust_heap 过程，所以算法的时间复杂度为 $O(n\lg n)$。这不是一个紧致的上界，因为构造大/小顶堆的时间跟高度 h 有关，h 的范围是[0, lg$n$]，而且高度为 h 的元素个数最多为 $n/2^{h+1}$。所以，实际上 Heap_sort 的时间复杂度为 $O(n)$。

3）堆排序

利用最大（小）堆进行排序算法堆排序的基本思想是：

首先利用之前建堆的算法将一个 n 元素列表转换为最大（小）堆，此时该列表的最大元素就是 unsorted[0]，所以交换 unsorted[0]和 unsorted[n – 1]。堆的长度减 1，将数组 unsorted[0⋯n – 2]看成新的堆，该堆中除了根结点之外，其他左右子树依然满足最大（小）堆的性质，只是根结点因为发生了交换可能不满足最大（小）堆性质，所以，对根结点调用 Adjust_heap 即可。重复以上这个过程直到堆的大小变为 1。

```
def Heap_sort(unsorted, reverse=False):
    for ed in range(len(unsorted) – 1, 0, – 1):
        unsorted[0], unsorted[ed] = unsorted[ed], unsorted[0]
        Adjust_heap(unsorted, 0, ed – 1, reverse)
```

该算法的时间复杂度为 $O(n\lg n)$。

2. 类

面向对象的程序设计中经常遇到“类”的概念，那什么是类呢？类是现实世界或思维世界中的实体在计算机中的反映，它将数据以及这些数据上的操作封装在一起[①]。

对象是具有类的类型变量。类是对象的抽象，而对象是类的具体实例。类是抽象的，不占用内存，而对象是具体的，占用存储空间。类是用于创建对象的蓝图，它是一个定义包括在特定类型的对象中的方法和变量的软件模板。

---

① 张桂珠，张平，陈爱国. Java 面向对象程序设计[M]. 3 版. 北京：北京邮电大学出版社，2005.

1）类的定义

Python 中定义类使用 class 关键字，class 后面紧接着类名，类名一般用大写开头的单词，如果有父类继承，类名后加括号，括号中写明所继承的父类。

```
class 类名:
    语句 1
        ...
```

类是方法和属性的组合，语句可以是数据、属性的定义和赋值语句，也可以是内部方法（函数）的定义语句。

2）类属性（变量）

类属性（也称“类变量”）是该类所有实例对象共享的属性。在类中任意地方都可以用“类名.属性名”来调用；在类外任意地方可以用“类名.属性名”或“实例名.属性名”调用。

例如：

```
class Car:
    # 模拟汽车
    def __init__(self, brand, model, year):
    # 初始化汽车属性
        self.brand = brand                    # 汽车品牌
        self.model = model                    # 汽车型号
        self.year = year                      # 汽车开始使用的年限
        self.mileage = 0                      # 新车里程为 0

if __name__ == '__main__':
        car = Car('A 品牌', '甲型号', '2022')
```

3）成员函数

方法：定义在类中的函数，用法与普通函数类似。

在 Python 中，类中定义方法的调用需要绑定到特定对象上，通过 self.或实例对象名调用。方法是所有实例都共用的，类外所有的实例都可以调用类中的方法，类中方法也可以相互调用。Python 类中的方法有实例方法、类方法、静态方法。

方法的参数作用域在方法本身内部，第一个参数必须是 self，在类中访问实例用“self.方法名（参数）”或“类名.方法名(self,参数)”；在类外访问实例用“实例名.方法名(参数)”。

```
class Car:
    # 模拟汽车
    def __init__(self, brand, model, year):
    # 初始化汽车属性
        self.brand = brand                    # 汽车品牌
        self.model = model                    # 汽车型号
        self.year = year                      # 汽车开始使用的年限
        self.mileage = 0                      # 新车里程为 0

    def print_main_info(self):
        print(f'品牌：{self.brand}    出厂时间：{self.year}    型号：{self.model}')

if __name__ == '__main__':
    car = Car('A 品牌', '甲型号', '2022')
    car.print_main_info()
```

输出：品牌：A 品牌　出厂时间：2022　型号：甲型号。

4）Python 中函数（方法）传递参数的形式

（1）位置传递。

根据位置确定传入的参数，例如：

```
def Plus(a,b,c):
    print(a+b+c)
if __name__ == '__main__':
    Plus(1,2,3)
```

输出：6

（2）关键字传递。

使用“关键字=值”的方法传递参数，例如：

```
def Pri(a,b,c):
    print(a)
if __name__ == '__main__':
    Pri(b=1,a=2,c=3)
```

输出：2

（3）默认值传递。

在定义函数时，可以给参数赋予默认值，如果参数没有被传递值，将使用该默认值，例如：

```
def Plus(a,b,c=10):
    print(a+b+c)
if __name__ == '__main__':
    Plus(b=1,a=2)
```

输出：13

（4）不定参数传递（包裹传递）。

当不知道传入的参数有多少个时，可以使用包裹关键字参数来进行参数传递。传递进来的参数根据位置可以是一个元组（tuple），为了告诉 Python 这是包裹位置传递所用的元组名，需要在参数名前加“*”号；如果传入的是一个字典，需在参数名前加“**”号。例如：

```
def func(*num):
    print(num)
    print(type(num))
if __name__ == '__main__':
    func(1, 4, 6)
```

输出：(1, 4, 6)

输出：<**class** 'tuple'>

（5）解包裹传递。

所谓解包裹就是在传递元组（tuple）或者字典（dict）时，让它们的每一个元素对应一个位置参数。例如：

```
def func(a,b,c):
    print(a+b+c)
if __name__ == '__main__':
    di = {'a':1, 'b':2, 'c':3}
    func(**di)
```

输出：6

3. 认识 GUI 和 tkinter[①]

1）GUI 和 tkinter 简介

早期人与计算机之间的沟通形式是文字。例如，DOS 操作系统、Windows 的命令提示符窗口、Linux 系

① 洪锦魁. Python GUI 设计——tkinter 菜鸟编程[M]. 北京：清华大学出版社，2019.

统等。现在利用 GUI（Graphical User Interface，图形用户接口）让用户与计算机沟通，Python 可以使用内附的 tkinter 模块来设计图形用户接口。

tkinter 是一个开源的图形接口开发工具，用 TCL（Tool CommandLanguage，工具命令语言）编写的 GUI 函数库。tkinter 工具提供许多图形接口，如标签（Label）、菜单（Menu）、按钮（Button）等。设计的图形具有跨平台的特性，可以在 Linux、Windows、Mac OS 等操作系统上执行。目前，tkinter 工具已经移植到 Python 语言，属于 Python 语言内建的模块。

在安装 Python 时自带了此模块，使用前只需要导入此模块即可，例如：

```
from tkinter import *
```

2）建立窗口

可以使用以下方式建立窗口，例如：

```
from tkinter import *
if __name__ == '__main__':
    window = Tk()      # window 是自定义的 tk 对象名称，也可取其他
    window.mainloop()      # 放在程序最后一行
```

为了美化界面，可以引入 ttkboostrap 主题包，例如：

```
pip install ttkbootstrap
```

Linux 下可能需要额外安装 Symbola font 以支持 emojii，防止程序崩溃。

```
sudo apt-get install fonts-symbola
```

为了使用主题，导入主题后，其他控件创建方式不变建立窗口，例如：

```
from tkinter import *
from ttkbootstrap import Style
if __name__ == '__main__':
    style = Style(theme='lumen')
    window = style.master
    window.title('藏字排序')  # 标题
    window.geometry('800x500+600+300')  # 窗口尺寸+窗口初始距离屏幕左上角的位置
    window.resizable(False, False) # 是否可以通过鼠标拉伸
    window.mainloop()  # 显示
```

7.2.2 算法思想

按照上述理论设计的算法思想如下：

（1）首先从文本中读取藏字全集，并进行构件识别，读取的音节和识别构件的结果存入列表 word_18785_ns[18785]中。

（2）按照堆排序的思想对列表中的数据进行排序。

堆排序的算法思想是：Heap_Sort()函数是排序的入口，执行时先使用第一个 for 循环将无序的数组构造为一个最大（小）堆，构造过程中会不停地调用 Adjust_heap 以维护最大（小）堆性质。构造完成后从根结点开始，将当前结点与最后一个结点交换，并使这个结点从堆中脱离，此时，因为交换操作，堆的性质被破坏，因此又调用 Adjust_heap 进行维护。如此循环操作，直至堆中只剩一个元素。此时，数组中的数据是有序，已完成排序。其中有以下两个关键函数：

① **def** Adjust_heap(self, unsorted, l, r, reverse)：它是维护最大（小）堆性质的关键，排序过程中的一些交换操作会破坏最大（小）堆的性质，需要调用 Adjust_heap 来维护。

② **def** Heap_sort(self, unsorted, reverse=**False**):对数据进行排序。

（3）输出排序结果。

7.3 算法设计

7.3.1 存储空间

主要用一个列表 word_18785_ns 来存储待排序藏字和排序后藏字。

7.3.2 流程图

主函数流程如图 7-1 所示。

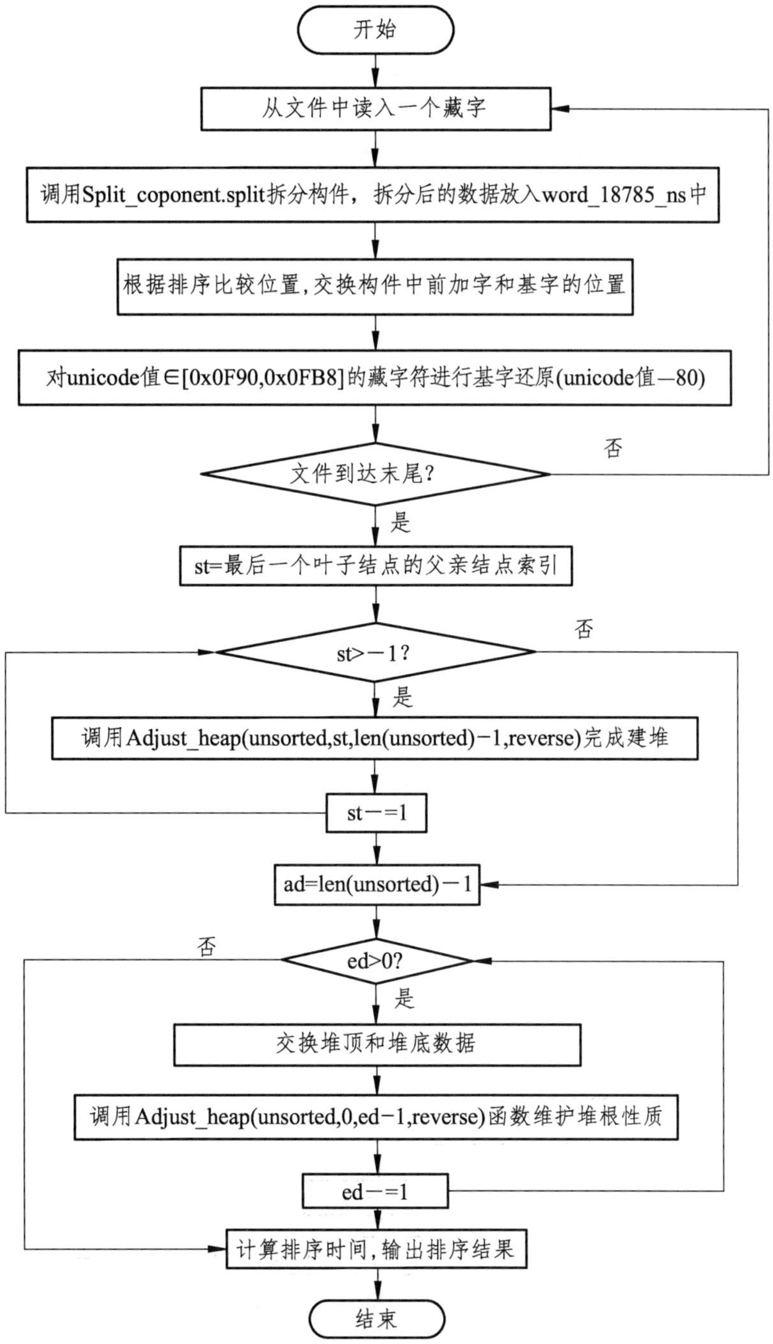

图 7-1 主函数流程图

7.3.3 伪代码

1. 维护堆根性质算法的伪代码

```
def Adjust_heap(unsorted, l, r, reverse):
# unsorted 为待排序列表，l 为左边界，r 为右边界，reverse 可设置正序排序和逆序排序
    root = l
    child = root * 2 + 1
    while (child <= r):
        if (child + 1 <= r and cmp(unsorted[child + 1], unsorted[child]) == reverse):
            child += 1
        if ((unsorted[root] > unsorted[child]) == reverse):
            # 将结点中较大值放到根上
            unsorted[root], unsorted[child] = unsorted[child], unsorted[root]
            root = child
            child = root * 2 + 1
        else:
            break
```

2. 建堆和堆排序的伪代码

```
def Heap_sort(unsorted, reverse=False):
# unsorted 为待排序列表，reverse 可设置正序排序和逆序排序
        leaf_root = len(unsorted) // 2 - 1   # 此结点是最后一个叶子结点的父亲结点
        for st in range(leaf_root, -1, -1):
            # 自下而上，自右向左调整，循环成大/小顶堆
            Adjust_heap(unsorted, st, len(unsorted) - 1, reverse)
        for ed in range(len(unsorted) - 1, 0, -1):
            交换堆底和堆顶的数据（堆性质被破坏，重新自顶向下排列）
            Adjust_heap(unsorted, 0, ed - 1, reverse)
```

7.4 程序实现

7.4.1 代码

（1）新建一个项目，在项目中新建名为“SplitComponent.py”的文件。

（2）在 SplitComponent.py 中新建 Split_component 类，其中添加如下代码：

① 定义变量：

```
# -*- coding: UTF-8 -*-
# 30 个辅音
# 1 前加字 2 上加字 3 基字 4 下加字 5 再下加字 6 元音 7 后加字 8 再后加字
consonant = ['\u0F40', '\u0F41', '\u0F42', '\u0F44', '\u0F45', '\u0F46', '\u0F47', '\u0F49','\u0F4F', '\u0F50', '\u0F51', '\u0F53', '\u0F54', '\u0F55', '\u0F56', '\u0F58','\u0F59', '\u0F5A', '\u0F5B', '\u0F5D', '\u0F5E', '\u0F5F', '\u0F60', '\u0F61','\u0F62', '\u0F63', '\u0F64', '\u0F66', '\u0F67', '\u0F68']
# 4 个元音
```

```
vowel = ['\u0F72', '\u0F74', '\u0F7A', '\u0F7C']
# 表 1：上加字+基字 的叠加组合
up_base_2 = ['རྐ', 'རྒ', 'རྔ', 'རྗ', 'རྙ', 'རྟ', 'རྡ', 'རྣ', 'རྦ', 'རྨ', 'རྩ', 'རྫ', 'ལྐ', 'ལྒ', 'ལྔ','ལྕ', 'ལྗ', 'ལྟ', 'ལྡ', 'ལྤ', 'ལྦ', 'ལྷ', 'སྐ', 'སྒ',
'སྔ', 'སྙ', 'སྟ', 'སྡ', 'སྣ', 'སྤ','སྦ', 'སྨ', 'སྩ']
# 表 2：基字+下加字的叠加组合
base_down_2 = ['ཀྱ', 'ཁྱ', 'གྱ', 'པྱ', 'ཕྱ', 'བྱ', 'མྱ', 'ཀྲ', 'ཁྲ', 'གྲ', 'ཏྲ', 'ཐྲ', 'དྲ', 'པྲ', 'ཕྲ','བྲ', 'མྲ', 'ཧྲ', 'ཀླ', 'གླ', 'བླ', 'ཟླ', 'རླ', 'སླ',
'ཀྭ', 'ཁྭ', 'གྭ', 'ཉྭ', 'དྭ', 'ཚྭ','ཞྭ', 'ཟྭ', 'རྭ', 'ལྭ', 'ཤྭ', 'ཧྭ']
# 表 3：后加字与再后加字的组合
after_reafter_2 = ['ནད', 'རད', 'ལད', 'གས', 'ངས', 'བས', 'མས']
# 表:4：上加字+基字+下加字的叠加组合
up_base_down_3 = ['རྐྱ', 'རྒྱ', 'རྨྱ', 'སྐྱ', 'སྒྱ', 'སྤྱ', 'སྦྱ', 'སྨྱ', 'སྐྲ', 'སྒྲ', 'སྣྲ', 'སྤྲ', 'སྦྲ', 'སྨྲ','རྩྭ']
# 表 5：基字+后加字+再后加字（其中 14 个有歧义）
base_after_reafter_3 = ['བགས', 'མབས', 'གགས', 'བངས', 'དངས', 'གངས', 'འངས', 'གམས', 'མམས', 'བབས', 'མངས',
'གབས', 'བམས','འམས']
# 表 6：特殊的两个字（基字+下加字+再下加字）
base_under_reunder_3 = ['གྲྭ', 'ཕྱྭ']
```

② 定义类，实现藏文音节的拆分：

```
class Split_component(object):
    def Split(self, Tibetan):
        if (len(Tibetan) == 1):
            return self.One_char(Tibetan)
        elif (len(Tibetan)  == 2):
            return self.Two_chars(Tibetan)
        elif (len(Tibetan)  == 3):
            return self.Three_chars(Tibetan)
        elif (len(Tibetan)  == 4):
            return self.Four_chars(Tibetan)
        elif (len(Tibetan)  == 5):
            return self.Five_chars(Tibetan)
        elif (len(Tibetan)  == 6):
            return self.Six_chars(Tibetan)
        elif (len(Tibetan)  == 7):
            return self.Seven_chars(Tibetan)

    # 当音节为一个字符时，用音节在 words_18785 中的位置数据作为参数进行调用。
    def One_char(self, Tibetan):
        word = ['' for _ in range(10)]
        word[0] = Tibetan
        word[3] = Tibetan[0]
        word[-1] = '辅音字母'
        return word

    # 当音节为两个字符时，也用音节在 words_18785 中的位置数据作为参数进行调用，以此类推。
```

```
def Two_chars(self, Tibetan):
    word = ['' for _ in range(10)]
    fin = False
    pos = [-1, -1]
    word[0] = Tibetan
    # 为上加字+基字
    if (Tibetan in up_base_2):
        pos[0], pos[1] = 2, 3
        word[-1] = '上加字+基字'
        for i, char_cur in enumerate(pos):
            word[char_cur] = Tibetan[i]
        return word
    # 为基字+下加字
    if (Tibetan in base_down_2):
        pos[0], pos[1] = 3, 4
        word[-1] = '基字+下加字'
        for i, char_cur in enumerate(pos):
            word[char_cur] = Tibetan[i]
        return word

    pos[0] = 3
    for vow in vowel:
        if (Tibetan[-1] == vow):
            pos[1] = 6
            word[-1] = '基字+元音'
            fin = True
            break
    if (fin == False):
        pos[1] = 7
        word[-1] = '基字+后加字'
        fin = True

    # 如果不能分类，报错
    if(fin==False): print(word)
    assert fin
    for i, char_cur in enumerate(pos):
        word[char_cur] = Tibetan[i]

    return word

# 当音节为三个字符的时候，读入此音节在 words_18785 中的位置
def Three_chars(self, Tibetan):
    word = ['' for _ in range(10)]
```

```
fin = False
word[0] = Tibetan
pos = [-1 for i in range(3)]
# 查找表
if (Tibetan in base_under_reunder_3):
    pos[0], pos[1], pos[2] = 3, 4, 5
    word[-1] = '基字+下加字+再下加字'
    for i, char_cur in enumerate(pos):
        word[char_cur] = Tibetan[i]
    return word
if (Tibetan in front_base_after):
    pos[0], pos[1], pos[2] = 1, 3, 7
    word[-1] = '前加字+基字+后加字'
    for i, char_cur in enumerate(pos):
        word[char_cur] = Tibetan[i]
    return word
if (Tibetan in base_after_reafter_3):
    pos[0], pos[1], pos[2] = 3, 7, 8
    word[-1] = '基字+后加字+再后加字'
    for i, char_cur in enumerate(pos):
        word[char_cur] = Tibetan[i]
    return word
if (Tibetan in up_base_down_3):
    pos[0], pos[1], pos[2] = 2, 3, 4
    word[-1] = '上加字+基字+下加字'
    for i, char_cur in enumerate(pos):
        word[char_cur] = Tibetan[i]
    return word

for vow in vowel:
    ppos = Tibetan.find(vow)
    if (ppos == 1):
        pos[0], pos[1], pos[2] = 3, 6, 7
        word[-1] = '基字+元音+后加字'
        fin = True
        break
    elif (ppos == 2):
        for up_base in up_base_2:
            if (Tibetan.find(up_base) == 0):
                pos[0], pos[1], pos[2] = 2, 3, 6
                word[-1] = '上加字+基字+元音'
                fin = True
                break
```

```
            if (fin == False):
                for base_down in base_down_2:
                    if (Tibetan.find(base_down) == 0):
                        pos[0], pos[1], pos[2] = 3, 4, 6
                        word[-1] = '基字+下加字+元音'
                        fin = True
                        break

            if (fin == False):
                pos[0], pos[1], pos[2] = 1, 3, 6
                word[-1] = '前加字+基字+元音'
                fin = True

        if (fin == False):
            for up_base in up_base_2:
                ppos = Tibetan.find(up_base)
                if (ppos == 1):
                    pos[0], pos[1], pos[2] = 1, 2, 3
                    word[-1] = '前加字+上加字+基字'
                    fin = True
                    break
                elif (ppos == 0):
                    pos[0], pos[1], pos[2] = 2, 3, 7
                    word[-1] = '上加字+基字+后加字'
                    fin = True
                    break

        if (fin == False):
            for base_down in base_down_2:
                ppos = Tibetan.find(base_down)
                if (ppos == 1):
                    pos[0], pos[1], pos[2] = 1, 3, 4
                    word[-1] = '前加字+基字+下加字'
                    fin = True
                    break
                elif (ppos == 0):
                    pos[0], pos[1], pos[2] = 3, 4, 7
                    word[-1] = '基字+下加字+后加字'
                    fin = True
                    break

        if (fin == False):
```

```
            for after_reafter in after_reafter_2:
                if (Tibetan.rfind(after_reafter) == 1):
                    pos[0], pos[1], pos[2] = 3, 7, 8
                    word[-1] = '基字+后加字+再后加字'
                    fin = True
                    break
            if (fin == False):
                pos[0], pos[1], pos[2] = 1, 3, 7
                word[-1] = '前加字+基字+后加字'
                fin = True

        assert fin
        for i, char_cur in enumerate(pos):
            word[char_cur] = Tibetan[i]

        return word

    def Four_chars(self, Tibetan):
        word = ['' for _ in range(10)]
        fin = False
        word[0] = Tibetan
        pos = [-1 for i in range(4)]

        for vow in vowel:
            ppos = Tibetan.find(vow)
            if (ppos == 3):
                for base_under_reunder in base_under_reunder_3:
                    if (Tibetan.find(base_under_reunder) == 0):
                        pos[0], pos[1], pos[2], pos[3] = 3, 4, 5, 6
                        word[-1] = '基字+下加字+再下加字+元音'
                        fin = True

                if (fin == False):
                    for up_base in up_base_2:
                        ppos2 = Tibetan.find(up_base)
                        if (ppos2 == 0):
                            pos[0], pos[1], pos[2], pos[3] = 2, 3, 4, 6
                            word[-1] = '上加字+基字+下加字+元音'
                            fin = True
                            break
                        elif (ppos2 == 1):
                            pos[0], pos[1], pos[2], pos[3] = 1, 2, 3, 6
                            word[-1] = '前加字+上加字+基字+元音'
```

```
                    fin = True
                    break

            if (fin == False):
                for base_down in base_down_2:
                    if (Tibetan.find(base_down) == 1):
                        pos[0], pos[1], pos[2], pos[3] = 1, 3, 4, 6
                        word[-1] = '前加字+基字+下加字+元音'
                        fin = True

        elif (ppos == 2):
            for up_base in up_base_2:
                ppos2 = Tibetan.find(up_base)
                if (ppos2 == 0):
                    pos[0], pos[1], pos[2], pos[3] = 2, 3, 6, 7
                    word[-1] = '上加字+基字+元音+后加字'
                    fin = True
                    break
            for base_down in base_down_2:
                ppos2 = Tibetan.find(base_down)
                if (ppos2 == 0):
                    pos[0], pos[1], pos[2], pos[3] = 3, 4, 6, 7
                    word[-1] = '基字+下加字+元音+后加字'
                    fin = True
                    break
            if (fin == False):
                pos[0], pos[1], pos[2], pos[3] = 1, 3, 6, 7
                word[-1] = '前加字+基字+元音+后加字'
                fin = True

        elif (ppos == 1):
            pos[0], pos[1], pos[2], pos[3] = 3, 6, 7, 8
            word[-1] = '基字+元音+后加字+再后加字'
            fin = True
            break

    if (fin == False):
        for base_under_reunder in base_under_reunder_3:
            if (Tibetan.find(base_under_reunder) == 0):
                pos[0], pos[1], pos[2], pos[3] = 3, 4, 5, 7
                word[-1] = '基字+下加字+再下加字+后加字'
                fin = True
                break
```

```
if (fin == False):
    for up_base_down in up_base_down_3:
        ppos = Tibetan.find(up_base_down)
        if (ppos == 1):
            pos[0], pos[1], pos[2], pos[3] = 1, 2, 3, 4
            word[-1] = '前加字+上加字+基字+下加字'
            fin = True
            break
        elif (ppos == 0):
            pos[0], pos[1], pos[2], pos[3] = 2, 3, 4, 7
            word[-1] = '上加字+基字+下加字+后加字'
            fin = True
            break

if (fin == False):
    for up_base in up_base_2:
        ppos = Tibetan.find(up_base)
        if (ppos == 1):
            pos[0], pos[1], pos[2], pos[3] = 1, 2, 3, 7
            word[-1] = '前加字+上加字+基字+后加字'
            fin = True
            break
        elif (ppos == 0):
            pos[0], pos[1], pos[2], pos[3] = 2, 3, 7, 8
            word[-1] = '上加字+基字+后加字+再后加字'
            fin = True
            break

if (fin == False):
    for base_down in base_down_2:
        ppos = Tibetan.find(base_down)
        if (ppos == 1):
            pos[0], pos[1], pos[2], pos[3] = 1, 3, 4, 7
            word[-1] = '前加字+基字+下加字+后加字'
            fin = True
            break
        elif (ppos == 0):
            for after_reafter in after_reafter_2:
                if (Tibetan.rfind(after_reafter) == 2):
                    pos[0], pos[1], pos[2], pos[3] = 3, 4, 7, 8
                    word[-1] = '基字+下加字+后加字+再后加字'
                    fin = True
```

```
                        break

        if (fin == False):
            for after_reafter in after_reafter_2:
                if (Tibetan.rfind(after_reafter) == 2):
                    pos[0], pos[1], pos[2], pos[3] = 1, 3, 7, 8
                    word[-1] = '前加字+基字+后加字+再后加字'
                    fin = True

        assert fin
        for i, char_cur in enumerate(pos):
            word[char_cur] = Tibetan[i]

        return word

    def Five_chars(self, Tibetan):
        word = ['' for _ in range(10)]
        fin = False
        word[0] = Tibetan
        pos = [-1 for i in range(5)]

        for base_under_reunder in base_under_reunder_3:
            if (Tibetan.find(base_under_reunder) == 0):
                for after_reafter in after_reafter_2:
                    if (Tibetan.rfind(after_reafter) == 3):
                        pos[0], pos[1], pos[2], pos[3], pos[4] = 3, 4, 5, 7, 8
                        word[-1] = '基字+下加字+再下加字+后加字+再后加字'
                        fin = True
        if (fin == False):
            for vow in vowel:
                ppos = Tibetan.find(vow)
                if (ppos == 4):
                    pos[0], pos[1], pos[2], pos[3], pos[4] = 1, 2, 3, 4, 6
                    word[-1] = '前加字+上加字+基字+下加字+元音'
                    fin = True
                    break
                elif (ppos == 3):
                    for base_under_reunder in base_under_reunder_3:
                        if (Tibetan.find(base_under_reunder) == 0):
                            pos[0], pos[1], pos[2], pos[3], pos[4] = 3, 4, 5, 6, 7
                            word[-1] = '基字+下加字+再下加字+元音+后加字'
                            fin = True
                            break
```

```
        if (fin == False):
            for up_base in up_base_2:
                ppos2 = Tibetan.find(up_base)
                if (ppos2 == 1):
                    pos[0], pos[1], pos[2], pos[3], pos[4] = 1, 2, 3, 6, 7
                    word[-1] = '前加字+上加字+基字+元音+后加字'
                    fin = True
                    break
                elif (ppos2 == 0):
                    pos[0], pos[1], pos[2], pos[3], pos[4] = 2, 3, 4, 6, 7
                    word[-1] = '上加字+基字+下加字+元音+后加字'
                    fin = True
                    break

        if (fin == False):
            for base_down in base_down_2:
                if (Tibetan.find(base_down) == 1):
                    pos[0], pos[1], pos[2], pos[3], pos[4] = 1, 3, 4, 6, 7
                    word[-1] = '前加字+基字+下加字+元音+后加字'
                    fin = True
                    break

    elif (ppos == 2):
        for up_base in up_base_2:
            if (Tibetan.find(up_base) == 0):
                pos[0], pos[1], pos[2], pos[3], pos[4] = 2, 3, 6, 7, 8
                word[-1] = '上加字+基字+元音+后加字+再后加字'
                fin = True
                break

        if (fin == False):
            for base_down in base_down_2:
                if (Tibetan.find(base_down) == 0):
                    pos[0], pos[1], pos[2], pos[3], pos[4] = 3, 4, 6, 7, 8
                    word[-1] = '基字+下加字+元音+后加字+再后加字'
                    fin = True
                    break

        if (fin == False):
            for after_reafter in after_reafter_2:
                if (Tibetan.rfind(after_reafter) == 3):
                    pos[0], pos[1], pos[2], pos[3], pos[4] = 1, 3, 6, 7, 8
```

```
                                word[-1] = '前加字+基字+元音+后加字+再后加字'
                                fin = True
        if (fin == False):
            for up_base_down in up_base_down_3:
                ppos = Tibetan.find(up_base_down)
                if (ppos == 1):
                    pos[0], pos[1], pos[2], pos[3], pos[4] = 1, 2, 3, 4, 7
                    word[-1] = '前加字+上加字+基字+下加字+后加字'
                    fin = True
                    break
                elif (ppos == 0):
                    for after_reafter in after_reafter_2:
                        if (Tibetan.rfind(after_reafter) == 3):
                            pos[0], pos[1], pos[2], pos[3], pos[4] = 2, 3, 4, 7, 8
                            word[-1] = '上加字+基字+下加字+后加字+再后加字'
                            fin = True
                            break

        if (fin == False):
            for up_base in up_base_2:
                if (Tibetan.find(up_base) == 1):
                    pos[0], pos[1], pos[2], pos[3], pos[4] = 1, 2, 3, 7, 8
                    word[-1] = '前加字+上加字+基字+后加字+再后加字'
                    fin = True
                    break

        if (fin == False):
            for base_down in base_down_2:
                if (Tibetan.find(base_down) == 1):
                    pos[0], pos[1], pos[2], pos[3], pos[4] = 1, 3, 4, 7, 8
                    word[-1] = '前加字+基字+下加字+后加字+再后加字'
                    fin = True

        if (fin == False): print(word)
        assert fin
        for i, char_cur in enumerate(pos):
            word[char_cur] = Tibetan[i]

        return word

    def Six_chars(self, Tibetan):
        word = ['' for _ in range(10)]
        fin = False
```

```
word[0] = Tibetan
pos = [-1 for i in range(6)]

for vow in vowel:
    ppos = Tibetan.find(vow)
    if (ppos == 4):
        pos[0], pos[1], pos[2], pos[3], pos[4], pos[5] = 1, 2, 3, 4, 6, 7
        word[-1] = '前加字+上加字+基字+下加字+元音+后加字'
        fin = True
        break
    elif (ppos == 3):
        for base_under_reunder in base_under_reunder_3:
            if (Tibetan.find(base_under_reunder) == 0):
                for after_reafter in after_reafter_2:
                    if (Tibetan.rfind(after_reafter) == 4):
                        pos[0], pos[1], pos[2], pos[3], pos[4], pos[5] = 3, 4, 5, 6, 7, 8
                        word[-1] = '基字+下加字+再下加字+元音+后加字+再后加字'
                        fin = True
                        break

        if (fin == False):
            for up_base in up_base_2:
                ppos2 = Tibetan.find(up_base)
                if (ppos2 == 1):
                    pos[0], pos[1], pos[2], pos[3], pos[4], pos[5] = 1, 2, 3, 6, 7, 8
                    word[-1] = '前加字+上加字+基字+元音+后加字+再后加字'
                    fin = True
                    break
                elif (ppos2 == 0):
                    pos[0], pos[1], pos[2], pos[3], pos[4], pos[5] = 2, 3, 4, 6, 7, 8
                    word[-1] = '上加字+基字+下加字+元音+后加字+再后加字'
                    fin = True
                    break

        if (fin == False):
            for base_down in base_down_2:
                if (Tibetan.find(base_down) == 1):
                    pos[0], pos[1], pos[2], pos[3], pos[4], pos[5] = 1, 3, 4, 6, 7, 8
                    word[-1] = '前加字+基字+下加字+元音+后加字+再后加字'
                    fin = True
                    break

if (fin == False):
```

```
            for up_base in up_base_2:
                if (Tibetan.find(up_base) == 1):
                    pos[0], pos[1], pos[2], pos[3], pos[4], pos[5] = 1, 2, 3, 4, 7, 8
                    word[-1] = '前加字+上加字+基字+下加字+后加字+再后加字'
                    fin = True
        assert fin
        for i, char_cur in enumerate(pos):
            word[char_cur] = Tibetan[i]

        return word

    def Seven_chars(self, Tibetan):
        word = ['' for _ in range(10)]
        fin = False
        word[0] = Tibetan
        pos = [-1 for i in range(7)]
        for vow in vowel:
            if (Tibetan.find(vow) == 4):
                pos[0], pos[1], pos[2], pos[3], pos[4], pos[5], pos[6] = 1, 2, 3, 4, 6, 7, 8
                word[-1] = '前加字+上加字+基字+下加字+元音+后加字+再后加字'
                fin = True
                break

        assert fin
        for i, char_cur in enumerate(pos):
            word[char_cur] = Tibetan[i]

        return word
```

（3）在项目中新建一个名为“Cmp.py”的文件，用来定义比较函数，添加如下代码：

```
def cmp(a, b):
    for i in range(1, 9):
        if (a[i] == b[i]): continue
        return a[i] < b[i]
    return True
```

（4）在项目中新建一个名为“main.py”的文件，作为整个项目的入口。其中添加如下代码：

① 导入所需包，初始化所需表以及全局变量：

```
import time
import tkinter as tk
from tkinter import filedialog, messagebox, ttk
import os
from ttkbootstrap import Style
from SplitComponent import Split_component
from Cmp import cmp
```

```
constant_unconverted = [0x0F90, 0x0F91, 0x0F92, 0x0F94, 0x0F95, 0x0F96, 0x0F97, 0x0F99, 0x0F9F, 0x0FA0,0x0FA1, 0x0FA3, 0x0FA4, 0x0FA5,0x0FA6, 0x0FA8, 0x0FA9, 0x0FAA, 0x0FAB, 0x0FAE,0x0FAF, 0x0FB0, 0x0FB3, 0x0FB4, 0x0FB6, 0x0FB7, 0x0FB8, 0x0FBA, 0x0FBB, 0x0FBC]
file_path = ''
word_18785_ns = []
```

② 在 main 函数中编写窗口布局代码：

```
if __name__ == '__main__':
    style = Style(theme='lumen')
    window = style.master
    window.title('全藏字的堆排序')  # 标题
    window.geometry('800x500+600+300')  # 窗口尺寸+窗口初始距离屏幕左上角的位置
    window.resizable(False, False)
    # Silver
    style.configure('my.Horizontal.TProgressbar', troughcolor ='Silver', background='Moccasin', thickness=30)

    p1 = ttk.Progressbar(window, style='my.Horizontal.TProgressbar', length=800, cursor='spider', mode='determinate', orient=tk.HORIZONTAL)
    p1.pack(side='bottom', padx=20, pady=20, anchor='sw')
    p1['maximum'] = 18785  # 进度条的最大值，用来控制进度条

    label = tk.Label(window, text='排序进度：', font=('黑体', 12))
    label.pack(side='bottom')

    text1 = tk.Text(window,  font=('Arial', 12))
    text1.pack(side='left', fill='both', pady=20, padx=20, expand='yes')

    bt1 = tk.Button(window, text='打开文件', width=15, height=2, command=open_file)
    bt1.pack(padx = 10,pady = 22, expand='yes')

    bt2 = tk.Button(window, text='排序', width=15, height=2,  command=lambda : Heap_sort(word_18785_ns))
    bt2.pack(padx = 10,pady = 22, expand='yes')

    bt3 = tk.Button(window, text='保存', width=15, height=2, command=save_file)
    bt3.pack(padx = 10,pady = 22, expand='yes')

    bt4 = tk.Button(window, text="退出", width=15, height=2, command=window.destroy)
    bt4.pack(padx = 10,pady = 22, expand='yes')
    text1.insert('insert', '单击打开按钮，选择一个 txt 文件\n')
    window.mainloop()  # 显示
```

设计的对话框窗口如图 7–2 所示。

图 7-2 主程序的对话框

（5）添加按钮的关联函数。

添加【打开文件】、【保存】和【排序】按钮关联的函数，而【退出】按钮的函数直接调用 tkinter 自带的“窗口对象.destroy”即可（由于参数 command 设置关联函数时，函数名后不需要带“()”，所以传参时省略“()”）。

通过 button 的 command 参数关联相关函数，如图 7-3 所示。

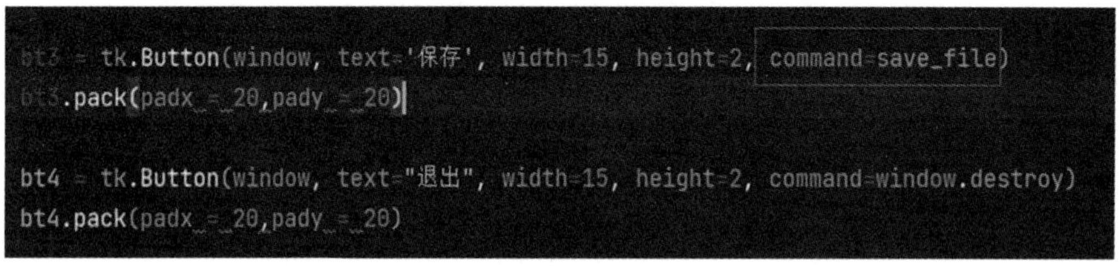

图 7-3 关联函数

①【打开文件】按钮的关联函数如下：

```
def open_file():
    split_com = Split_component()
    global word_18785_ns
    word_18785_ns = []
    global file_path
    file_path = filedialog.askopenfilename(title=u'选择文件',
 initialdir=(os.path.expanduser('S:/Pycharm/installed/WorkPlace_defualt/Master_Work/First_year/Algorithm analysis'))) # 初始打开的文件位置，可以自定义
    print('打开文件：', file_path)
    text1.delete('1.0', 'end')
    if file_path is not None:
        try:
            with open(file=file_path, mode='r+', encoding='utf-8') as f:
```

```
                for i in range(18785):
                    Tibetan = f.readline().strip('\n')
                    if(Tibetan==''): print(i)
                    word = split_com.Split(Tibetan)[:-1]
                    for i in range(1, 9):
                        if (word[i] != ''):
                            word[i] = ord(word[i])
                        else:
                            word[i] = 0
                    word[1], word[3] = word[3], word[1]
                    for i in range(1, 9):
                        if (0x0F90<=word[i]<=0x0FB8):
                            word[i] = word[i] - 80
                    word_18785_ns.append(word)
            text1.insert('insert', '已加载文件\n')
            for word in word_18785_ns:
                text1.insert('insert', f'{word[0]}\n')
        except Exception as e:
            print(str(e))
            messagebox.askokcancel(title='警告', message='文件加载异常，请重新加载文件')
            text1.insert('insert', f'加载文件异常：{str(e)}，请重新加载文件')
```

②【保存】按钮的关联函数如下：

```
def save_file():
    global file_path
    text_str = text1.get('2.0', 'end')
    file_path = filedialog.asksaveasfilename(title=u'保存文件')
    print('保存文件：', file_path)
    if file_path is not None:
        with open(file=file_path, mode='w', encoding='utf-8') as f:
            f.write(text_str)
        result = messagebox.askokcancel(title='提示', message='文件已保存')
        if(result):print('保存完成')
        else: print('保存失败')
```

③【排序】按钮的关联函数，以及关联函数调用的其他函数如下：

```
# 堆排序算法
def Heap_sort(unsorted, reverse=False):
    timeA = time.time()
    leaf_root = len(unsorted) // 2 - 1   # 此结点是最后一个叶子结点的父亲结点
    for st in range(leaf_root, -1, -1):
        # 自下而上，自右向左调整，循环成大/小顶堆
        Adjust_heap(unsorted, st, len(unsorted) - 1, reverse)
    for ed in range(len(unsorted) - 1, 0, -1):
```

```
            # 交换堆底和堆顶的数据（维护堆根性质）
            unsorted[0], unsorted[ed] = unsorted[ed], unsorted[0]
            p1['value'] += 1
            if (p1['value'] % 1000 == 0): window.update()
            # 重新调整完全二叉树，构成大/小顶堆
            Adjust_heap(unsorted, 0, ed - 1, reverse)
        window.update()
        timeB = time.time()
        Get_time(timeB-timeA, 'Heap_sort')
        return unsorted

    # 排列 unsorted[l:r+1] 的数据
    def Adjust_heap(unsorted, l, r, reverse):
        root = l
        # root 的左孩子索引。进入 while 循环中，child 最后表示当前结点的两个孩子中最大（小）的值的
索引号
        child = root * 2 + 1
        while (child <= r):
            if (child + 1 <= r and cmp(unsorted[child + 1], unsorted[child]) == reverse):
                child += 1
            if (cmp(unsorted[child] , unsorted[root]) == reverse):
                # 将结点中较大值放到根上
                unsorted[root], unsorted[child] = unsorted[child], unsorted[root]
                root = child
                child = root * 2 + 1
            else:
                break

    # 获取排序时间
    def Get_time(time, sort_Method):
        text1.delete('1.0', 'end')
        text1.insert('insert', f'{sort_Method} 排序完成，用时{time:.2f}秒')
        for word in word_18785_ns:
            text1.insert('insert', '\n')
            text1.insert('insert', word[0])

    # reverse = False，升序排列
    # reverse = True，降序排列
```

7.4.2 代码使用说明

（1）运行程序结果如图 7-4 所示。

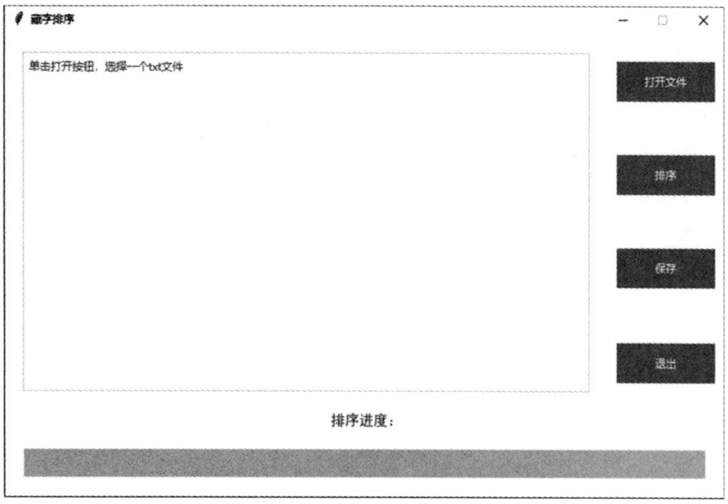

图 7-4 程序界面

（2）点击【打开文件】按钮打开文件选择窗口，如图 7-5 所示，选择需要排序的文件后点击【打开】按钮即可打开待排序的文件。

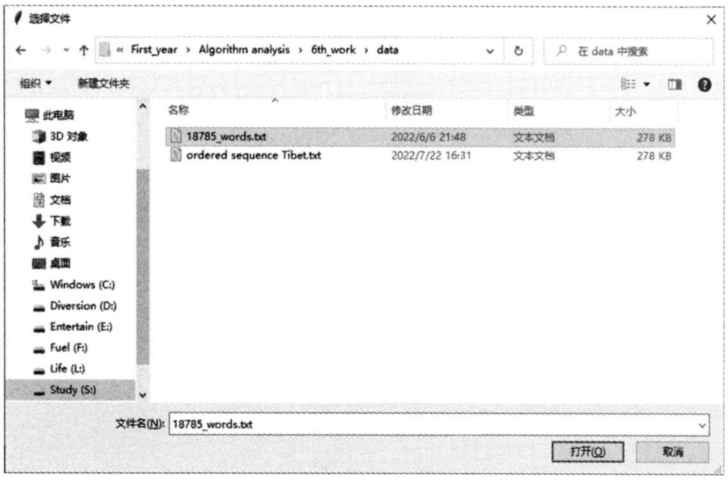

图 7-5 “选择文件”对话框

（3）点击【排序】按钮开始排序，排序结束后显示排序所用时间，如图 7-6 所示。

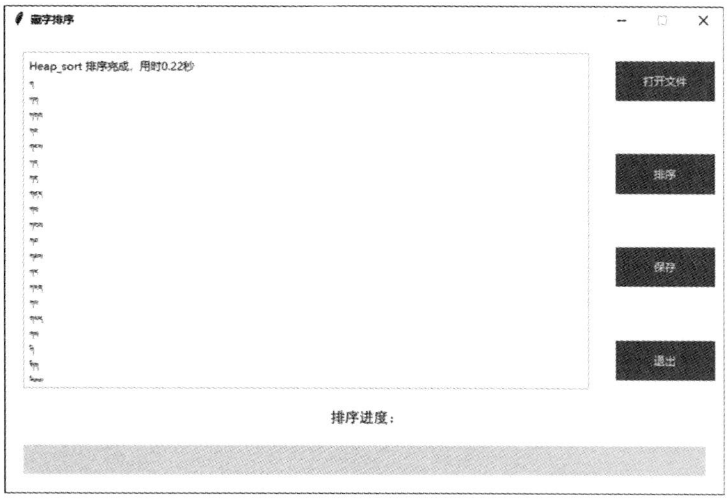

图 7-6 “藏字排序”界面

（4）点击【保存】按钮弹出“保存文件”对话框，选择存储位置，填写文件名后点击【保存】按钮即可保存排序结果，如图 7-7 所示。

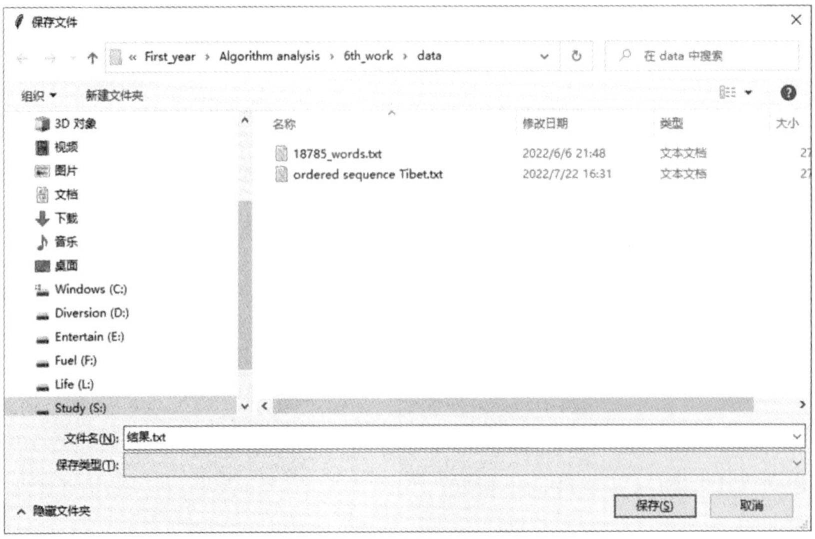

图 7-7 “保存文件”对话框

7.5 运行结果

按照以上程序，对 18 785 个现代藏字按照字典序进行排序，结果如图 7-8 所示。

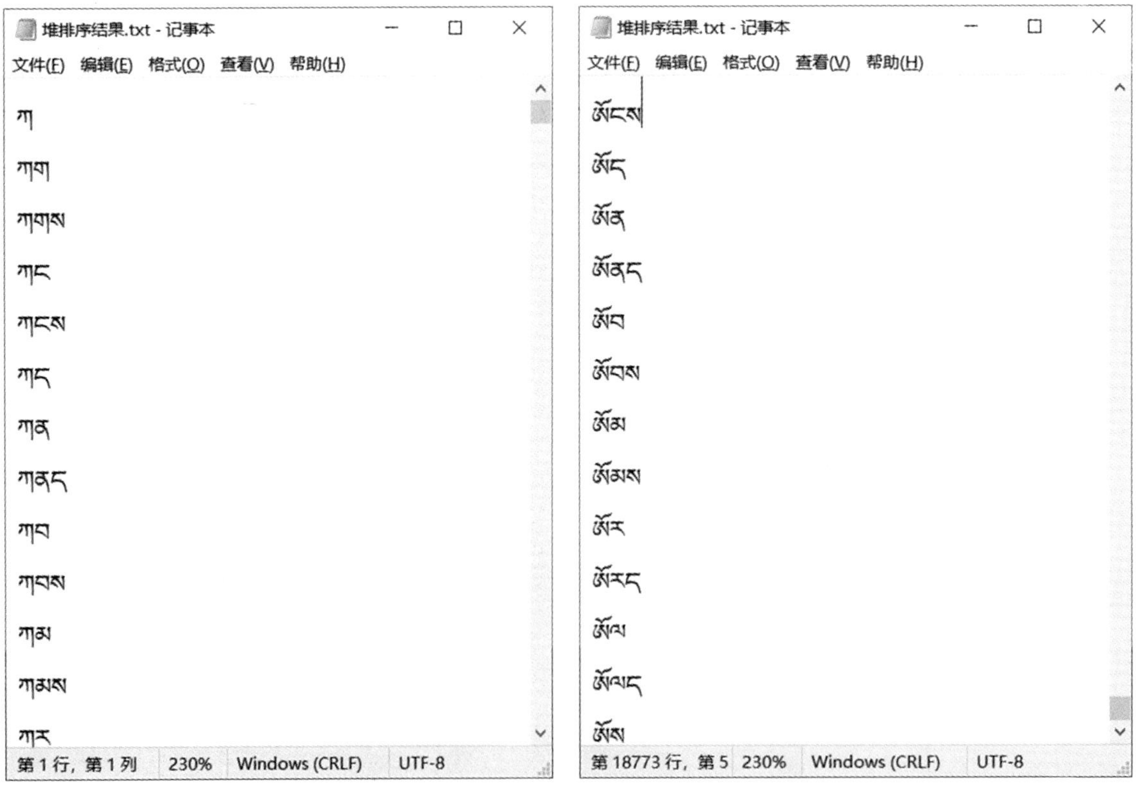

图 7-8 排序结果

7.6 算法分析

7.6.1 时间复杂度分析

堆排序方法对记录数较少的文件效果一般，但对记录较多（n 较大）的文件还是很有效的。因为其运行时间主要耗费在建堆、堆排序时反复调用“维护堆的性质”的算法上。堆排序在最坏的情况下，其时间复杂度为 $O(n\log n)$。

7.6.2 空间复杂度分析

堆排序最大的优点在于仅需一个数据大小的交换用的辅助存储空间。

1. 数据存储空间

算法中存储藏字全集音节数量为 18 785。因此，需要的存储空间为：18 785 个 TibetWord 大小以及它们的构件，即 18785×9，即 $O(\mathrm{cn})$。

2. 辅助存储空间（临时空间）

（1）临时变量 leaf_root 用来存储调整堆时起始的结点索引号，即 $O(1)$。
（2）child 轮流存储左孩子和右孩子结点的索引号，即 $O(1)$。

7.6.3 堆排序总体性能分析

如果不考虑 Python 中交换变量的特殊性，插入排序额外空间只需要一个临时变量 key，空间复杂度为 $O(1)$，但最坏和平均时间复杂度都是 $O(n^2)$。归并排序的时间复杂度是 $O(n\lg n)$，但需要 $O(n)$空间。堆排序兼具两者的优点，时间复杂度是 $O(n\lg n)$，空间上仅需一个数据大小的辅助存储空间 $O(1)$。

第8章 藏文字符的快速排序

8.1 问题描述

排序算法多种多样，为了比较各排序算法的性能，本章将快速排序的思想应用到现代藏文字符的排序中，编写程序从文本中读取藏文及其他数据，再按照藏文音节、词等更大的单位作为排序对象实现藏文文本的排序。

8.2 问题分析

8.2.1 理论依据

本章待排序的文本内容是一个藏汉词典，如图 8-1 所示。该数据每一行是一个藏文词条及解释。一个词条由两部分组成，第一部分是藏文词条，藏字之间通过“་”隔开；第二部分是藏文词条的解释部分，由汉文或汉藏及特殊符号组成。藏文词条和解释部分之间用制表符隔开。前几章以全藏字符集的单独藏字进行排序的，而针对藏文词条等较大单位的排序以藏字的排序为基础，其基本思想为：逐个比较排序藏文词条中每一个藏字的大小，如果第一个藏字相同，则比较第二个，直到确定出大小或词条结束。

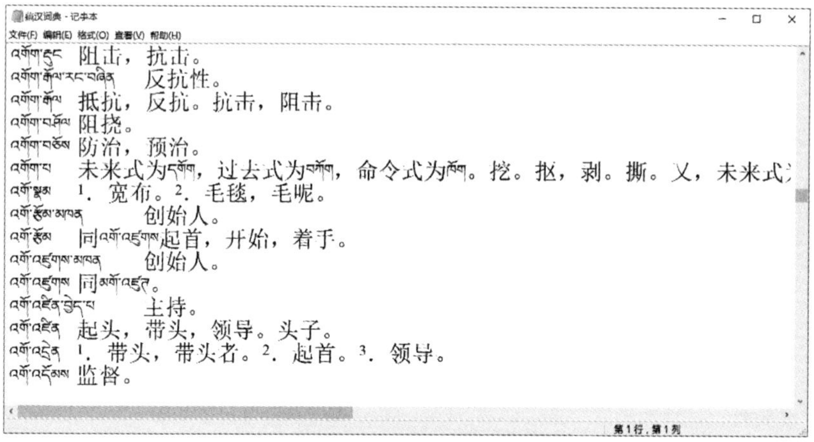

图 8-1 待排序的藏文词典

8.2.2 算法思想

1. 快速排序

快速排序是一种基于分治模式的排序方法。一个典型的子列表 A[p···r]排序的分治过程包括以下 3 个步骤：

分解：列表 A 被划分为两个子列表 A[p···q−1]和 A[q+1···r]，使得 A[q]大于等于 A[p···q−1]中的每个元素，并且小于 A[q+1···r]中的每个元素。该划分过程中计算划分点下标 q。

解决：通过递归调用快速排序，对子列表进行排序。

合并：因为两个子列表是就地排序的，不需要进行合并操作。

2. 快速排序应用在藏文排序上的思想

按照以上的理论依据，可以设计如下的藏文词条等较大单位的排序算法：

（1）读取文本中的所有文字以字符串形式存入一个变量 essay 中，并将其显示在窗口中。

（2）将所有藏文词条以及解释（也就是卫星数据）存储于二维列表中，列表中的每一行又是一个列表，以[“词条”，“解释”]的方式存储。

（3）按照快速排序的方法对列表中的数据进行排序。

（4）输出排序结果。

8.3 算法设计

8.3.1 存储空间

存储空间主要用来存放藏文（词条）及其卫星数据（解释部分），其列表的形式如下：

```
[
    ...
    ['ཨོས་འོད','蒙古族卫拉特部落，为厄鲁特蒙古的异译。'],
    ['ཨོལ་སྒོ','喉头，喉结。'],
    ['ཨོལ་སྒྲོ','下颌;喉部。'],
    ['ཨོལ་མདུད','喉头;喉结。'],
    ['ཨོལ་མ','喉;气管。']
    ...
]
```

8.3.2 流程图

1. 主函数流程图

主函数流程如图 8-2 所示。

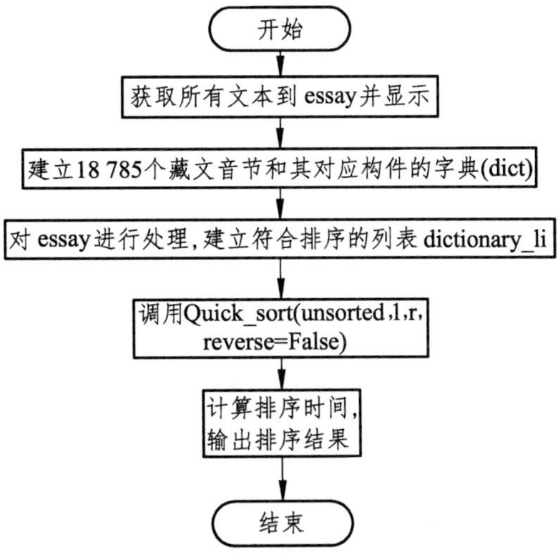

图 8-2 主函数流程图

2. 快排函数流程图

快排函数的流程如图 8-3 所示。

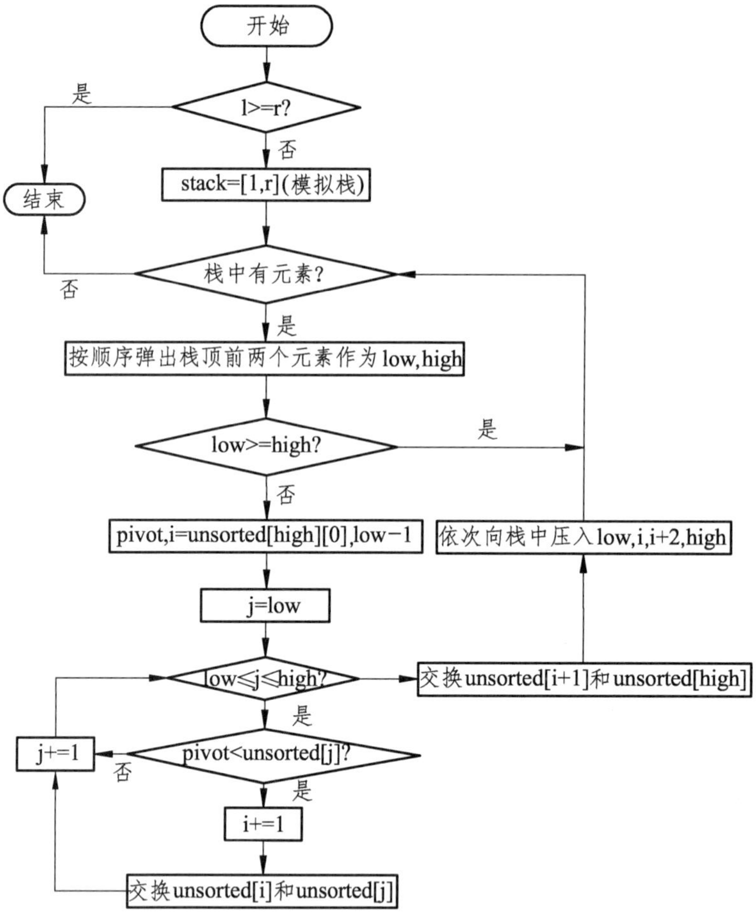

图 8-3 快排函数流程图

8.3.3 伪代码

快速排序算法的伪代码：

```
def Quick_sort(unsorted, l, r, reverse=False): # 用栈的递归实现快速排序函数
# unsorted 为待排序列表，l 为左边界，r 为右边界， reverse 可设置正序排序和逆序排序
    if l >= r:
        return
    stack = [l, r]
    while stack:
        low, high = stack.pop(0), stack.pop(0)
        if low >= high: continue
        # i 每次初始为待排序序列首元素的前一个索引位
        pivot, i = unsorted[high][0], low - 1
        for j in range(low, high+1):
            # 交换的目的是保证[l,i]都比 pivot 小（逆序是大）
            如果 unsorted[j][0]与 pivot 比较后==reverse
```

```
                i+=1
                交换 unsorted[i]与 unsorted[j]
        交换 unsorted[i + 1]和 unsorted[high]
        向栈中压入 low, i, i + 2, high 四个元素
```

8.4 程序实现

8.4.1 代码

（1）在 PyCharm 中新建一个项目，在项目中新建一个名为“Create_18785Component.py”的文件，其中添加如下代码：

① 第 7 章“SplitComponent.py”文件的全部代码。

②“Create_18785Component.py”文件比“SplitComponent.py”多了一个类，此类将之前生成的全藏字文件“18785words.txt”读取进来，拆分后组成“藏文音节:{构件}”的字典（dict）形式，在“SplitComponent.py”基础上添加如下代码：

```
class Create_18785Com():
    # 传入的 words_18785 初始化为一个字典 {}
    def Create(self, words_18785):
        split_com = Split_component()
        with open('18785_words.txt', 'r', encoding='utf-8') as f:
            for i in range(18785):
                Tibetan = f.readline().strip()
                word = split_com.Split(Tibetan)
                words_18785[word[0]] = word[1:-1]
        for key, value in words_18785.items():
            for i in range(0, 8):
                if (value[i] != ''):
                    value[i] = ord(value[i])
                else:
                    value[i] = 0
            value[0], value[2] = value[2], value[0]
            # 前 0  上 1  基 2  下 3  再下 4  元 5  后 6  再后 7
            for i in range(0, 8):
                if (0x0F90 <= value[i] <= 0x0FB8):
                    value[i] = value[i] - 80
        return words_18785
```

（2）在项目中新建一个名为“main.py”的文件，作为整个项目的入口，其中添加如下代码：

① 导入所需包，初始化表以及全局变量：

```
import time
import tkinter as tk
from tkinter import filedialog, messagebox, ttk, scrolledtext
import os
from ttkbootstrap import Style
```

```
from Create_18785Component import Create_18785Com

essay = ''
word_18785_di = {}  # 藏文音节：构件字典
create_18785com = Create_18785Com()  # 创造类的实例
create_18785com.Create(word_18785_di) # 通过"实例.函数名"调用函数
dictionary_li = [] # 存放待排序藏文字典中的信息
```

② 在 main 函数中编写窗口布局代码：

```
if __name__ == '__main__':
    style = Style(theme='lumen')
    window = style.master
    window.title('藏文字典快速排序')  # 标题
    window.geometry('800x500+600+300')  # 窗口尺寸+窗口初始距离屏幕左上角的位置
    window.resizable(False, False)

    # Silver
    style.configure('my.Horizontal.TProgressbar', troughcolor ='Silver', background='Moccasin', thickness=30)

    p1 = ttk.Progressbar(window, style='my.Horizontal.TProgressbar', length=800, cursor='spider', mode='determinate',
orient=tk.HORIZONTAL)
    p1.pack(side='bottom', padx=20, pady=20, anchor='sw')

    label = tk.Label(window, text='排序进度：', font=('黑体', 12))
    label.pack(side='bottom')

    # 滚动文本框
    text1 = scrolledtext.ScrolledText(window,   font=('Arial', 20))
    text1.pack(side='left', fill='both', pady=20, padx=20, expand='yes')

    bt1 = tk.Button(window, text='打开文件', width=15, height=2, command=open_file)
    bt1.pack(padx = 10,pady = 22, expand='yes')

    bt2 = tk.Button(window, text='快速排序', width=15, height=2, command=progress_begain)
    bt2.pack(padx = 10,pady = 22, expand='yes')

    bt3 = tk.Button(window, text='保存', width=15, height=2, command=save_file)
    bt3.pack(padx = 10,pady = 22, expand='yes')

    bt4 = tk.Button(window, text="退出", width=15, height=2, command=window.destroy)
    bt4.pack(padx = 10,pady = 22, expand='yes')
    text1.insert('insert', '选择待排序的字典\n')
    window.mainloop()  # 显示
```

设计的对话框窗口如图 8-4 所示。

图 8-4　主程序的对话框

（3）编写【打开文件】、【保存】和【快速排序】按钮的关联函数。

①【打开文件】按钮的关联函数：

```
def open_file():
    global essay
    file_path = filedialog.askopenfilename(title=u'选择文件', initialdir=(os.path.expanduser('S:/Pycharm/installed/
WorkPlace_defualt/Master_Work/First_year/Algorithm analysis')))
    print('打开文件：', file_path)
    p1['value'] = 0
    window.update()
    text1.delete('1.0', 'end')
    if file_path is not None:
        try:
            with open(file=file_path, mode='r+', encoding='utf-16') as f:
                essay = f.read()
                text1.insert('insert', f'待排序字典为\n{essay}')
        except Exception as e:
            print(str(e))
            messagebox.askokcancel(title='警告', message='文件加载异常，请重新加载文件')
            text1.insert('insert', f'加载文件异常：{str(e)}，请重新加载文件')
```

②【保存】按钮的关联函数：

```
def save_file():
    global file_path
    text_str = text1.get('3.0', 'end')
    file_path = filedialog.asksaveasfilename(title=u'保存文件')
    print('保存文件：', file_path)
    if file_path is not None:
        with open(file=file_path, mode='w', encoding='utf-8') as f:
```

```
            f.write(text_str)
        result = messagebox.askokcancel(title='提示', message='文件已保存')
        if(result):print('保存完成')
        else: print('保存失败')
```

③【快速排序】按钮的关联函数，以及关联函数调用的相关函数：

```
def handle_Tistr(strr):
    # strr 的样式：'ཨོས་འོད'
    temp = strr.split('་')

    # temp 的样式：['ཨོས','འོད']
    # 如果拆分后的藏文音节属于之前 18785_words 中的一部分，则拆分构件。
    # 如果拆分后的藏文音节不属于上一行的情况，则判断为黏着词，将其构件的 ord 设置为超大数，
放在字典末尾。
    for i, word in enumerate(temp):
        if(word in word_18785_di):
            temp[i] = word_18785_di[word]
        else:
            temp[i] = [10000 for i in range(8)]
    return temp

def cmp(astr, bstr):
    a = handle_Tistr(astr)
    b = handle_Tistr(bstr)
    '''
                        ↓按分隔符拆分的第 1 个音节      ↓按分隔符拆分的第 2 个音节
    返回的 a/b 的格式：[[基字 ord, 上加字 ord ...],          []  ]
    '''
    minLength = min(len(a), len(b))
    for i in range(minLength):
        for j in range(0, 8):
            if(a[i][j] == b[i][j]): continue
            return a[i][j] < b[i][j]
    return len(a) <= len(b)

# reverse = False，升序排列。
# reverse = True，降序排列。
def Quick_sort(unsorted, l, r, reverse=False):
    '''
        unsorted：[ ['藏文音节 0','卫星数据 0'], ['藏文音节 1','卫星数据 1'], ...]
        i 表示[l,i]都比 pivot 小
        j 依次遍历元素
    '''
    timA = time.time()
    if l >= r:
```

```
        return
    stack = [l, r]
    while stack:
        low, high = stack.pop(0), stack.pop(0)
        if low >= high: continue
        # i 每次初始为待排序序列首元素的前一个索引位
        pivot, i = unsorted[high][0], low - 1
        for j in range(low, high+1):
            # 交换的目的是保证[l,i]都比 pivot 小（逆序是大）。
            if cmp(pivot, unsorted[j][0])==reverse:
                i += 1
                unsorted[i], unsorted[j] = unsorted[j], unsorted[i]
        unsorted[i + 1], unsorted[high] = unsorted[high], unsorted[i + 1]
        stack.extend([low, i, i + 2, high])

        if(i+1+1==high): p1['value'] += 2
        elif(i+1+2==high): p1['value'] += 3
        else: p1['value'] += 1
        if(p1['value']%1000==0):window.update()

    timB = time.time()
    return timB-timA

def progress_begain():
    global dictionary_li
    global essay
    # 一行数据占 dictionnary_li->list 中的一个列表。
    dictionary_li = essay.strip().split('\n')
    # 从原本的 ['第 0 行数据', '第 1 行数据', ...]   => [ ['藏文音节 0','卫星数据 0'], ['藏文音节 1','卫星数据 1'], ...]。
    for i, strr in enumerate(dictionary_li):
        temp = strr.split('\t')
        dictionary_li[i] = temp

    # print(dictionary_li[:5])
    p1['maximum'] = len(dictionary_li)

    ti = Quick_sort(dictionary_li, 0, len(dictionary_li)-1)
    text1.delete('1.0', 'end')
    text1.insert('insert', f'排序完成，排序时间为：{ti}秒\n 排序结果如下：\n')
    print()
    # print(dictionary_li[:5])
    for li in dictionary_li:
        text1.insert('insert', f'{li[0]}\t1{li[1]}\n')
```

8.4.2 代码使用说明

（1）运行程序，用【打开文件】按钮打开对话框，在对话框中选择待排序的藏文字典（.txt）文件，文件加载完成后，单击【排序】按钮，即开始排序。排序完成后，点击【保存】按钮，选择保存位置，为文件命名并进行保存，如图 8-5 所示。

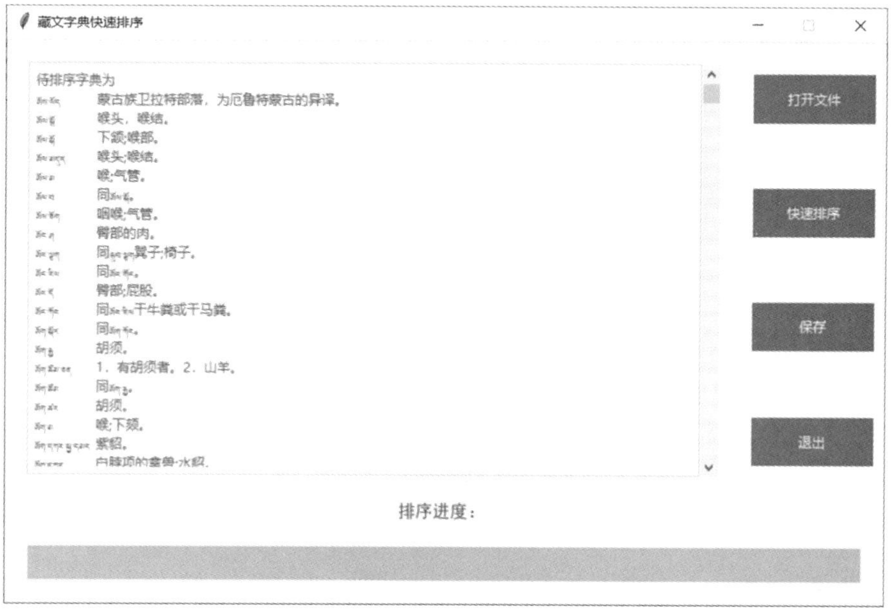

图 8-5 运行界面

（2）程序读取文件以藏文词条、解释两部分读取，所以要求待排序的数据是藏文词典和解释两列，中间用“制表键”隔开。

8.5 运行结果

8.5.1 运行结果说明

运用以上程序，对 25 241 行藏文按照字典序进行排序，结果如图 8-6 所示。

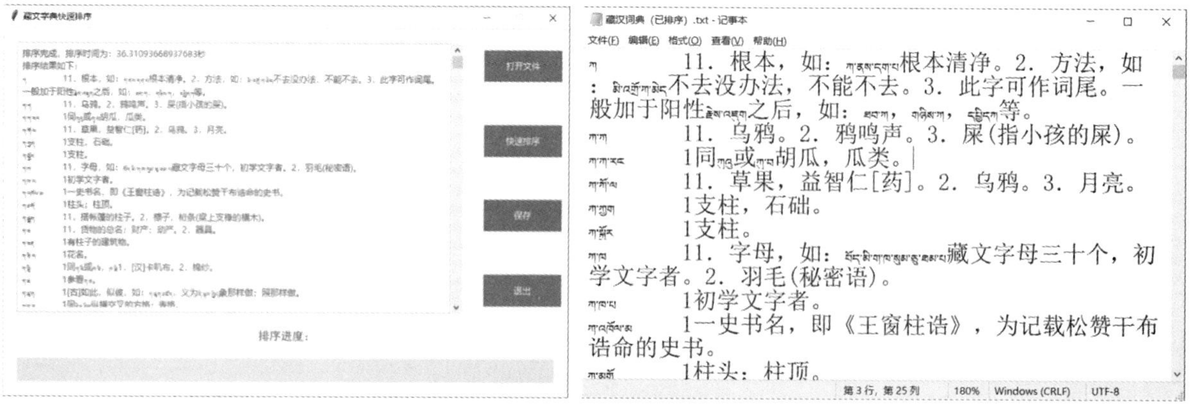

图 8-6 运行结果

8.5.2　讨论

本程序按照现代藏文字符生成的全藏字研究了藏文字符构件的拆分，其中不包括黏着词，但实际词条中有很多黏着词，所以实际运用时应先对黏着词进行特殊处理，否则会导致黏着词排序放置的位置不正确，如图 8-7 所示。

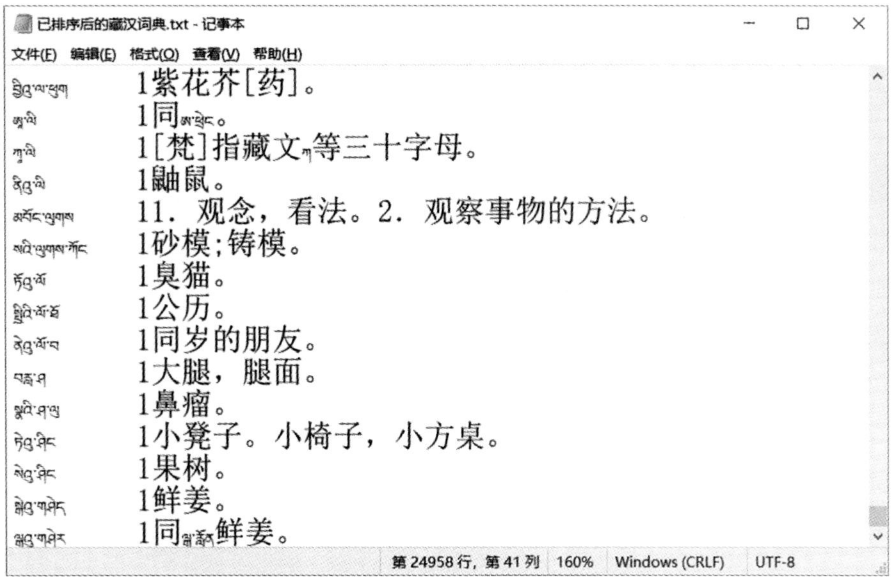

图 8-7　未处理黏着词导致的排序错误

8.6　算法分析

8.6.1　时间复杂度分析

排序时间如图 8-8 所示。

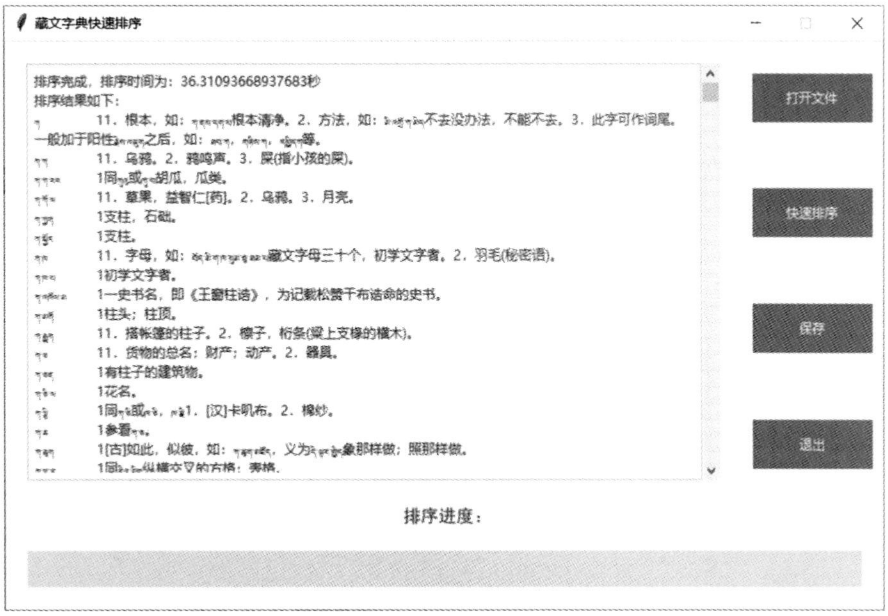

图 8-8　排序时间

理论上，快速排序算法的时间复杂度为

$$T(n)=O(n\lg n)$$

8.6.2 空间复杂度分析

（1）数据存储占用空间是待排序的数据的大小：$O(n)$。
（2）额外占用空间 $O(1)$，用于交换数据时做临时存储。

8.6.3 稳定性

排序算法的稳定性是指假定在待排序的记录序列中，存在多个具有相同关键字的记录，经过排序，这些记录的相对次序保持不变，即在原序列中 r[i]=r[j]且 r[i]在 r[j]之前，而在排序后的序列中 r[i]仍在 r[j]之前，则称这种排序算法是稳定的；否则称为不稳定的[①]。

快速排序是不稳定的排序。

① 严蔚敏，吴伟民. 数据结构（C 语言版）[M]. 北京：清华大学出版社，2017.

本篇小结

排序是计算机的基本操作，插入排序、归并排序、堆排序和快速排序是 4 种常用的排序算法。为了更好地理解和掌握排序算法，把 4 种常用排序算法应用到具体的实例中并进行研究，阐述了每种算法的基本思想，详细分析了每种排序算法实现的过程。在此基础上统计了每种算法操作的实际运行时间，分析每种算法的时间复杂度和稳定性，对排序算法进行总结。

1. 算法的时空分析

本篇实现 4 种常用的排序算法，并用 4 种算法对全藏字集进行排序，对比总结 4 种不同的排序算法运行时间的理论值和实际值，如表 1 所示。

表 1　4 种不同的排序算法运行时间的理论值和对全藏字集进行排序的测试值

算法分析		最坏情况运行时间	最好情况运行时间	平均情况运行时间	空间复杂度
插入排序	理论值	$O(n^2)$	$O(n)$	$O(n^2)$	$O(1)$
	测试值	63.49（s）	0.013（s）	32.56（s）	
归并排序	理论值	$O(n\log_2 n)$	$O(n\log_2 n)$	$O(n\log_2 n)$	$O(n)$
	测试值	1.52（s）	1.48（s）	1.45（s）	
堆排序	理论值	$O(n\log_2 n)$	$O(n\log_2 n)$	$O(n\log_2 n)$	$O(1)$
	测试值	0.22（s）	0.20（s）	0.23（s）	
快速排序	理论值	$O(n^2)$	$O(n\log_2 n)$	$O(n\log_2 n)$	$O(1)$
	测试值	0.83（s）	72.51（s）	7.72（s）	

插入排序的时间复杂度与元素的比较、移动次数有关，而比较、移动的次数与待排序数组的初始顺序有关，当待排序数列有序时，比较 $n-1$ 次，没有移动操作，此时复杂度为 $O(n)$；当待排序数组逆序时，比较次数达到最大。对于下标 i 处的元素，需要比较 $i-1$ 次。总的比较次数为：$1+2+3+\cdots+(n-1)$，故时间复杂度为 $O(n^2)$。

归并排序是一种分治法，由分解、求解和合并三个过程组成。分解是把一个待排序序列分解成两个序列，时间复杂度为 $O(1)$；求解是将一个规模为 n 的问题分成两个规模为 $n/2$ 的子问题，时间复杂度为 $2T(n/2)$；合并是把两个有序序列合为一个有序序列，时间复杂度为 $O(n)$。归并排序的时间复杂度表示为：$T(n)=2T(n/2)+O(n)$，因此归并排序的时间复杂度为 $O(n\log_2 n)$。

堆排序过程中建初始堆的时间复杂度为 $O(n)$，调整堆的时间复杂度为 $O(\log_2 n)$，所以堆排序的时间复杂度为 $O(n\log_2 n)$。

快速排序的时间复杂度最坏的情况就是每一次取到的元素就是数组中最大或最小值，递归的深度近似 n，此时时间复杂度为 $O(n^2)$；最好的情况是每次取到的划分元素刚好对序列进行二分，递归的深度近似 n 个结点的完全二叉树的高度 $\log_2 n$。此时的时间复杂度表示为 $T[n]=2T[n/2]+f(n)$；其中 $2T[n/2]$为平分后的子数组的时间复杂度，$f(n)$为平分这个数组所花销的时间，所以快速排序的平均时间复杂度是 $O(n\log_2 n)$。

2. 稳定性分析

插入排序算法在有序序列元素和待插入元素相等的时候，算法将待插入的元素放在后面，所以插入排序是稳定的。

归并排序算法在交换元素时，可以在相等的情况下做出不移动的限制，所以归并排序也是一种稳定的排序方法。

在一个长为 n 的序列，堆排序的过程是从第 $n/2$ 开始和其子节点共 3 个值中选择最大（大根堆）或者最小（小根堆），这 3 个元素之间的选择不会破坏稳定性，但当为 $n/2-1, n/2-2, \cdots, 1$ 等父结点在调用维护堆根性质算法时，一个结点与另一个结点进行交换时有可能就会破坏稳定性。所以，堆排序不是稳定的排序算法。

快速排序有两个方向：当 a[i] <= a[center_index]时，左边的 i 下标一直往右移，其中 center_index 是中枢元素的数组下标，一般取为数组第 0 个元素；当 a[j] > a[center_index]时，右边的 j 下标一直往左移。如果 i 和 j 都不移动了，当 i <= j 时，交换 a[i]和 a[j]，重复上面的过程直到满足 i>j 时，交换 a[j]和 a[center_index]，完成一趟快速排序。在中枢元素和 a[j]交换的时候，很有可能把前面元素的稳定性打乱，所以快速排序是一个不稳定的排序算法，不稳定发生在中枢元素和 a[j]交换的时刻。

3. 总结

通过比较各种排序算法可以知道：归并排序、堆排序、快速排序的时间复杂度都是 $O(n\log_2 n)$，插入排序的平均时间复杂度是 $O(n^2)$；插入排序、堆排序、快速排序的空间复杂度为 $O(1)$，而归并排序的空间复杂度为 $O(n)$；在这 4 种算法当中插入排序和归并排序是稳定的，堆排序和快速排序则是不稳定的。

在实际的排序过程中，影响排序效率的因素较多，主要是记录序列的规模、记录关键字的分布状况及对稳定性是否作要求等。当待排序记录序列的规模较大时，应采用时间复杂度为 $O(n\log_2 n)$的归并排序、快速排序或堆排序。目前，在内部排序算法中，快速排序是基于比较的最好的一种排序方法。当待排序记录序列的关键字随机分布时，快速排序的平均时间最短，若对稳定性不作要求，则使用快速排序算法。若待排序记录序列可能出现按关键字基本有序（正序或反序）的情况，快速排序的时间性能不如堆排序和归并排序。当待排序记录序列规模较大时，归并排序所需时间比堆排序少，但它所需的辅助存储空间最多，若对稳定性不作要求，则采用堆排序法；若内存空间允许且要求稳定，则采用归并排序法。另外，归并排序有一定数量的数据移动，可与插入排序结合，先获得一定长度的序列，然后再合并，在效率上会有所提高。

因此，在进行排序操作时，用户应当根据不同的情况选择不同的排序算法，从而提高效率，达到高效的目的。

第 3 篇 藏文字符查找

第 9 章 藏文编码转换

9.1 问题描述

藏文信息处理技术在发展过程中产生了不同的编码方案，即同一个藏文字符在不同的编码方案中有不同的编码。《信息技术 信息交换用藏文编码字符集 基本集》（GB 16959—1997）（简称为藏文基本集）以藏字中的每一个字符作为编码的对象，编码流的顺序规定为藏文的书写顺序，也就是藏字在键盘上的输入顺序。基本集采用国际标准，把藏文当作完全的拼音性文字来处理，其编码数量少，也是现在应用最广泛的藏文编码。但是在实际应用中，藏文字符的打印和显示都需要通过进行动态组合来完成，而这种动态组合的技术对软硬件的要求较高，加之实现难度较大，所以颁布基本集标准后，很长一段时间内无法按此标准实现藏文字符的处理，于是研究者就制定了《信息技术 藏文编码字符集 扩充集 A》（GB/T 20542—2006）和《信息技术 藏文编码字符集 扩充集 B》（GB/T 22238—2008）（两个一起简称为藏文扩充集）。扩充集与基本集最大的区别在于，它不是对每一个字符进行编码，而是对每一个纵向叠加的字符组合块进行编码，非纵向叠加的字符又用基本集的编码，使得藏文字符的处理从基本集的“二维平面”转化为“一维线性”。基本集的编码范围为：0F00~0FFF，扩充集的编码范围为：F300~F8FF。扩充集在社会上也使用了一段时间，所以也有很多基于扩充集的藏文文本。

在实际应用中，经常需要将两种不同编码的文档进行转换。实现基本集与扩充集编码转换的一个基本方法就是查找两个编码的对照表，将扩充集中叠加字符组合块与基本集的编码进行相互替换，从而达到编码转换的目的。本章利用列表作为存储结构，编写程序实现藏文基本集和扩充集编码的相互转换。

9.2 问题分析

9.2.1 理论依据

1. 不同藏文编码间转换的原理

同一个藏文字符采用不同的编码方式时就会有不同的编码。例如：ཀི 在基本集中的编码是 0F40 0F72，在扩充集 A 中的编码是 F305。所以，同一藏文字符在不同藏文编码之间有唯一的编码对照关系，如表 9-1 所示。编码转换就是把源藏文编码对应转换为目标藏文编码。

表 9-1 藏文扩 A 编码和基本集编码的对照关系①

序号	字丁	基本集	扩 A 编码
1	ཨྀ	0F68 0F80	F300
2	ཨུ	0F68 0F74	F302
3	ཨེ	0F68 0F7A	F303
4	ཨོ	0F68 0F7C	F304

① 李永宏，何向真，艾金勇，等. 藏文编码方式及其相互转换[J]. 计算机应用，2009，29（7）.

续表

序号	字丁	基本集	扩 A 编码
5	ཀཱ	0F40 0F71	F305
6	ཀི	0F40 0F72	F306
7	ཀྀ	0F40 0F80	F307
8	ཀུ	0F40 0F74	F308
9	ཀེ	0F40 0F7A	F309
10	ཀོ	0F40 0F7C	F30A

2.不同藏文编码间的转换方式

通过对不同藏文编码方式进行分析，可以总结出不同藏文编码间进行编码转换的方式如下：

1）一对一的替换

一些非标准藏文编码和扩充集的藏文编码把纵向叠加的组合块和非叠加的藏文字符都作为编码的对象。这些编码之间进行相应的转换时，要把源藏文编码中的一个编码转换为目标藏文编码中的一个编码。

2）一对多的替换

一些非标准藏文编码和扩充集的藏文编码把纵向叠加的组合块作为编码的对象，纵向组合字符不管有多少个字符都只有一个编码，但藏文基本集中把每个字符作为编码的对象，纵向组合有几个字符就会有几个编码，所以，将这类编码转换到藏文基本集编码，也就是将一个字丁分解成构件的过程。具体实现时，顺序读入每一个字丁的编码，查找该藏文字丁对应的基本集编码，进行一对多的转换。例如：藏文字符 ཨོ 由扩充集 A 转化为藏文基本集时，把它的编码从 F304 转换为 0F68（ཨ）和 0F7C（ོ），如表 9-2 所示。

表 9-2 藏文扩 A 编码和基本集编码的实例说明

序号	扩 A 码	字丁	基本集编码
1	F300	ཨི	0F68 + 0F72
2	F301	ཨྀ	0F68 + 0F80
3	F302	ཨུ	0F68 + 0F74
4	F303	ཨེ	0F68 + 0F7A
5	F304	ཨོ	0F68 + 0F7C
……	……	…...	……
10	F309	ཀེ	0F40 + 0F7A
……	……	…...	……
50	F331	སྐི	0F66 + 0F90 + 0F72
……	……	…...	……
100	F363	གྱུ	0F42 + 0FB1 + 0F74
……	……	…...	……
200	F3C7	ཅྭི	0F45 + 0FAD + 0F72
……	……	…...	……
1000	F6E7	ཋྱ	0F4B + 0FB1

3）多对一的替换

藏文基本集把每个字符作为编码的对象，纵向组合有几个字符就会有几个编码。要把藏文基本集的编码转换为一些非标准藏文编码和扩充集等将纵向叠加作为整体进行编码的藏文编码时，需要把前导字符与组合用字符作为一个整体，把源编码中的前导字符和组合用字符的多个编码按照多对一的方式转换为目标编码中的一个组合字符。

4）不转换

扩充集中非叠加藏文字符仍然使用了基本集的字符故不用转换。另外，藏文文本中的英文、汉文等非藏文字符也不用转换。

3. Python 中的字典①

除了列表以外，字典（dictionary）也是 Python 中最灵活的内置数据结构类型之一。如果把列表看作是有序的对象集合，那么就可以把字典当成是无序的集合（Python 3.6 版本后，由于字典的内部算法改写，字典是有序的）。它们主要的差别在于：字典当中的元素是通过键值来存取的，而不是通过偏移量存取。

作为内置类型，字典可以取代许多搜索算法和数据结构，代替了有些语言中的自定义来实现。字典索引非常快，字典不仅能代替其他语言中的记录、符号表的功能，还可以表示稀疏（多数为空）数据结构。Python 字典主要属性如下：

（1）通过键值而不是偏移量来读取。

（2）任意对象的无序集合。

（3）可变长、异构、任意嵌套。

（4）属于可变映射变量。

（5）对象引用表（散列表）。

9.2.2 算法思想

如果编码是从基本集转换为扩充集，需要将基本集的几个叠加字符转换为扩充集的一个编码，非叠加字符是不需要进行转换的，因此，算法的一个关键问题就是如何识别叠加字符部分。一般情况下，叠加部分的第一个字符是不确定的，但是用于叠加的从第二个字符开始直到叠加字符的最后一个字符可以通过编码来确定，这一部分字符的编码范围在 0F70 ~ 0F87 或 0F8D ~ 0FBC。当读取一个字符时，还不能确定该字符是否用于叠加或叠加是否结束，待读入其后的字符才能确定，所以可以直接判断当前字符的下一字符是否为叠加字符，若是叠加字符则继续判断后续的字符，直到出现非叠加字符为止，将叠加部分替换为对应编码。

1. 基本集转扩充集

基本集转换为扩充集时，通过一个字符串来提取待转换文本中的叠加字符，对于每行的数据具体方法如下：

第 1 步：初始化字符串 str_，用于存储转换后的字符。

第 2 步：判断当前字符的下一字符串是否为叠加字符，若是则把指向的字符和下一个字符添加到新字符串 str_order 后，转到第 3 步；否则添加到字符串 str_后，继续转到第 2 步，直至文本结束。

第 3 步：判断叠加字符的后续字符是否为叠加字符，若是则继续添加到 str_order 后，转到第 3 步；否则，处理当前 str_order 中的字符串，指向下一个字符，转到第 2 步。

2. 扩充集转基本集

第 1 步：读一个字符。

第 2 步：如果当前字符编码范围不在 F300~F8FF，则其不需要转换，将其输出；如果当前字符编码

① 李军，刘红伟. Python 学习手册[M]. 4 版. 北京：机械工业出版社，2011.

范围在 F300~F8FF，则需要查表转换。查找成功，将其替换为对应的基本集编码并输出，查找失败，将其原样输出。

第 3 步：转到第 1 步直到文本结束。

9.3 算法设计

9.3.1 存储空间

首先加载基本集到扩充集的对照表，该表为 txt 格式，每行为一个基本集字符到扩充集的对照，基本集与扩充集之间用 '\t' 隔开。对照表采用字典进行存储，如下：

```
self.b2e_dict = dict()  # 新建基本集到扩展集的映射字典
self.e2b_dict = dict()  # 新建扩展集到基本集的映射字典
with open(file_path, encoding='utf-8', mode='r') as file_data:
    datas = file_data.readlines()
    for relation_data in datas:
        b_word, e_word = relation_data.strip().split('\t')
        self.b2e_dict.update({e_word: b_word})  # 在字典中添加新的键值对
        self.e2b_dict.update({b_word: e_word})
```

9.3.2 流程图

基本集转换为扩充集较为复杂，其主函数流程图如图 9-1 所示。

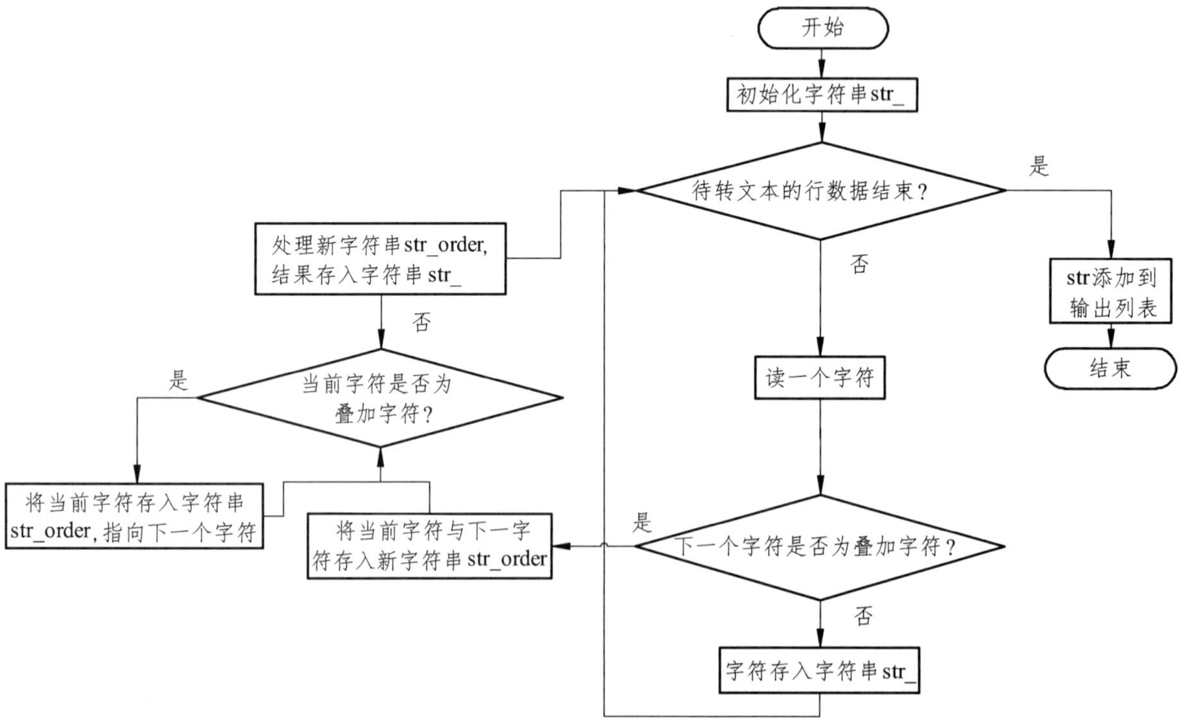

图 9-1 基本集转扩充集的主函数流程图

9.3.3 伪代码

基本集转扩充集的伪代码如下：

```
def b2e_trans_f(data_list, b2e_dict):
# data_list 是以字符串为元素的列表，b2e_dict 是基本集藏字对应扩展集藏字的字典
    out_list = []
    for line_data in data_list:  # 依次取出列表中的字符串
        len_line = len(line_data)  # 获得字符串长度
        i = 0  # 指针指向字符串开头
        str_out = ''  # 初始化输出用字符串
        while i < len_line - 1:  # 指针依次指向 len_line 字符串中字符处理各数据直到最后一位
            if 0x0FC0 >= ord(line_data[i + 1]) >= 0x0F70:
            # 若下一个字符为叠加字，则将其转换为对应十六进制形式保存在 str_order 字符串中，
        若后续字符串也为叠加字则采用同样的操作
                count = 1
                str_order = '0' + str(hex(ord(line_data[i]))).upper().replace('0X', '')
                while 0x0FC0 >= ord(line_data[i + count]) >= 0x0F70:
                    str_order += '0' + str(hex(ord(line_data[i + count]))).upper().replace('0X', '')
                    count += 1
                try:
                    str_out += chr(int('0x' + b2e_dict[str_order], base=16))
                    # 在字典中查找对应的扩展集保存到输出字符串
                except KeyError:
                    str_out += '<None>'
                i += count  # 指针指向非叠加字字符
            else:
            若下一个字符为非叠加字，则保存到输出字符串
                str_out += line_data[i]
                i += 1
        out_list.append(str_out)
    return out_list
```

9.4 程序实现

9.4.1 代码

（1）新建一个项目。

（2）在项目中新建一个名为“experience09.py”的文件，其中添加如下代码：

① 库函数导入模块：

```
import sys
import tkinter as tk
import os
```

```
from tkinter import filedialog, messagebox, Frame
from ttkbootstrap import Style
```

② GUI 界面模块：

```
class creatUI:
    def __init__(self):
        self.b2e_dict = dict()
        self.e2b_dict = dict()
        self.txt_data = list()
        self.txt_trans_data = list()
        self.mode = True

        self.style = Style(theme='lumen')
        self.window = self.style.master
        self.window.title('BasicToExtension')  # 标题
        self.window.geometry('820x600+600+300')  # 窗口尺寸+窗口初始距离屏幕左上角的位置

        self.fram0 = Frame(self.window, relief="sunken")
        self.bt0 = tk.Button(self.fram0, text='点击加载对照表', width=30, height=2, command=self.data
_order_load)
        self.bt0.pack(expand='yes')
        self.fram0.pack(ipadx=5, ipady=10, expand='yes')

        self.fram1 = Frame(self.window, relief="sunken", highlightthickness=20)
        #
        self.fram1_0 = Frame(self.fram1, relief="sunken")
        self.label = tk.Label(self.fram1_0, text='基本集', font=('黑体', 12))
        self.label.pack(expand='yes')
        self.text0 = tk.Text(self.fram1_0, width=20,height=10)
        self.font0 = tk.font.Font(family='Arial',size=24)
        self.text0.configure(font=self.font0)        self.text0.pack(expand='yes')
        self.fram1_0.pack(side='left', expand='yes')
        #
        self.fram1_1 = Frame(self.fram1, relief="sunken")
        self.bt1 = tk.Button(self.fram1_1, text='==>>', width=15, height=2, command=self.b2e_trans)
        self.bt1.pack(expand='yes')
        self.bt2 = tk.Button(self.fram1_1, text='<<==', width=15, height=2, command=self.e2b_trans)
        self.bt2.pack(expand='yes')
        self.fram1_1.pack(ipadx=5, ipady=50, side='left', expand='yes')
        #
        self.fram1_2 = Frame(self.fram1, relief="sunken")
        self.label = tk.Label(self.fram1_2, text='扩展集', font=('黑体', 12))
        self.label.pack(expand='yes')
```

```
        self.text1 = tk.Text(self.fram1_2, width=20,height=10)
        self.font1 = tk.font.Font(family='Arial',size=24)
        self.text1.configure(font=self.font1)
        self.text1.pack(expand='yes')
        self.fram1_2.pack(side='left', expand='yes')
        #
        self.fram1.pack()

        self.fram2 = Frame(self.window, relief="sunken")
        #
        self.bt3 = tk.Button(self.fram2, text='打开', width=15, height=2, command=self.open_file)
        self.bt3.pack(side='left', expand='yes')
        self.bt4 = tk.Button(self.fram2, text='保存', width=15, height=2, command=self.save_data)
        self.bt4.pack(side='left', expand='yes')
        self.bt5 = tk.Button(self.fram2, text='退出', width=15, height=2, command=self.quite)
        self.bt5.pack(side='left', expand='yes')
        #
        self.fram2.pack(ipadx=100, ipady=25)

        self.window.mainloop()
```

设计的对话框窗口如图 9-2 所示。

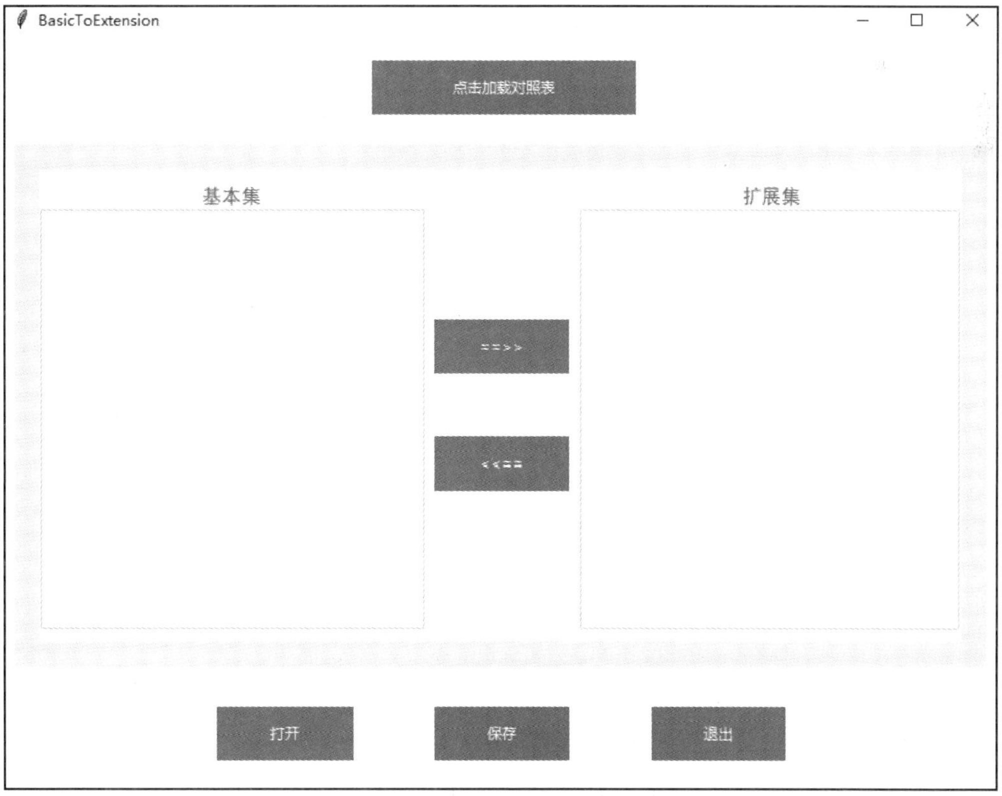

图 9-2　主程序的对话框

（3）添加“==>>”按钮的关联函数（函数位于 creatUI 类中）：

```
def b2e_trans(self):
    if self.txt_data != [] and self.e2b_dict != {}:
        if self.mode:
            self.txt_trans_data = b2e_trans_f(self.txt_data, self.b2e_dict)
            for data in self.txt_trans_data:
                self.text1.insert('insert', data + '\n')
        else:
            return 0
    else:
        messagebox.showinfo(title='警告', message='文件处理异常，请重新检查文件')
```

（4）添加“==>>”按钮关联函数调用的“基本集转扩展集”的函数（函数位于 creatUI 类外）：

```
def b2e_trans_f(data_list, b2e_dict):
    out_list = []
    for line_data in data_list:
        len_line = len(line_data)
        i = 0
        str_out = ''
        while i < len_line - 1:
            if 0x0FC0 >= ord(line_data[i + 1]) >= 0x0F70:
                count = 1
                str_order = '0' + str(hex(ord(line_data[i]))).upper().replace('0X', '')
                while 0x0FC0 >= ord(line_data[i + count]) >= 0x0F70:
                    str_order += '0' + str(hex(ord(line_data[i + count]))).upper().replace('0X', '')
                    count += 1
                try:
                    str_out += chr(int('0x' + b2e_dict[str_order], base=16))
                except KeyError:
                    str_out += '<None>'
                i += count
            else:
                str_out += line_data[i]
                i += 1
        out_list.append(str_out)
    return out_list
```

（5）添加“<<==”按钮的关联函数（函数位于 creatUI 类中）：

```
def e2b_trans(self):
    if self.txt_data != [] and self.e2b_dict != {}:
        if not self.mode:
            self.txt_trans_data = e2b_trans_f(self.txt_data, self.e2b_dict)
            for data in self.txt_trans_data:
                self.text0.insert('insert', data + '\n')
        else:
```

```
            return 0
    else:
        messagebox.showinfo(title='警告', message='文件处理异常，请重新检查文件')
```

（6）添加“<<==”按钮关联函数调用的“扩展集转基本集”的函数（函数位于 creatUI 类外）：

```
def e2b_trans_f(data_list, e2b_dict):
    out_list = []
    for line_data in data_list:
        len_line = len(line_data)
        i = 0
        str_out = ''
        while i < len_line:
            if 0xF300 <= ord(line_data[i]) <= 0xF8FF:
                str_order = str(hex(ord(line_data[i]))).upper().replace('0X', '')
                try:
                    str_b = e2b_dict[str_order]
                    x = 0
                    len__ = len(str_b)
                    while x + 4 <= len__:
                        str_out += chr(int('0x' + str(str_b[x:x + 4]), base=16))
                        x += 4
                except KeyError:
                    str_out += '<None>'
                i += 1
            else:
                str_out += line_data[i]
                i += 1
        out_list.append(str_out)
    return out_list
```

（7）添加“点击加载对照表”按钮的关联函数（函数位于 creatUI 类中）：

```
def data_order_load(self):
    self.b2e_dict.clear()
    self.e2b_dict.clear()
    file_path = filedialog.askopenfilename(title=u'藏文扩充集与基本集的对照表', multiple=False)
    if '.txt' in file_path:
        with open(file_path, encoding='utf-8', mode='r') as file_data:
            datas = file_data.readlines()
            for relation_data in datas:
                b_word, e_word = relation_data.strip().split('\t')
                self.b2e_dict.update({e_word: b_word})
                self.e2b_dict.update({b_word: e_word})
        messagebox.showinfo(title='提示', message='加载成功')
    else:
        messagebox.showinfo(title='警告', message='文件加载异常，请重新加载文件')
```

（8）添加“打开”按钮的关联函数（函数位于 creatUI 类中）：

```
def open_file(self):
    self.txt_data.clear()
    self.text0.delete('1.0', 'end')
    self.text1.delete('1.0', 'end')
    file_path = filedialog.askopenfilename(title=u'扩展集或基本集文本', multiple=False)
    if '.txt' in file_path:
        if '_trans' in file_path:
            self.mode = False
        with open(file_path, encoding='utf-8', mode='r') as file_data:
            datas = file_data.readlines()
            if self.mode:
                for line_data in datas:
                    self.txt_data.append(line_data)
                    self.text0.insert('insert', line_data)
            else:
                for line_data in datas:
                    self.txt_data.append(line_data)
                    self.text1.insert('insert', line_data)
        messagebox.showinfo(title='提示', message='加载成功')
    else:
        messagebox.showinfo(title='警告', message='文件加载异常，请重新加载文件')
```

（9）添加“保存”按钮的关联函数（函数位于 creatUI 类中）：

```
def save_data(self):
    file_path = filedialog.askdirectory(title=u'选择文件夹保存结果')
    if self.txt_trans_data:
        if self.mode:
            txt_name = 'experiment_trans.txt'
        else:
            txt_name = 'experiment_.txt'
        with open(os.path.join(file_path, txt_name), encoding='utf-8', mode='w') as file:
            for data in self.txt_trans_data:
                file.write(data + '\n')
    else:
        messagebox.showinfo(title='警告', message='文件保存异常，请重新保存文件')
```

（10）添加“退出”按钮的关联函数（函数位于 creatUI 类中）：

```
def quite(self):
    self.window.quit()
    sys.exit()
```

（11）主函数模块：

```
if __name__ == '__main__':
    creatUI()
```

9.4.2 代码使用说明

程序运行时，首先加载对照表。本窗口分为左、右两部分文本框，左边为“基本集”文本框，右边为“扩充集”文本框，点击“打开”按钮，文本按照标志进行读取自动出现在对应的文本框中，再点击中间的【向左】或【向右】按钮进行相应的转换。点击窗口下的【保存】按钮对转换数据进行保存。

9.5 运行结果

程序转换编码的结果如图 9-3 所示。

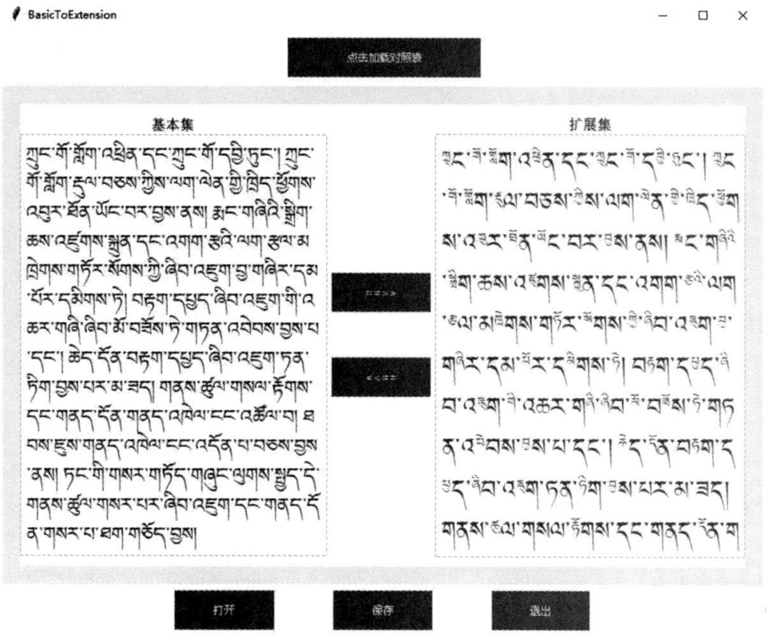

图 9-3 运行结果

9.6 算法分析

9.6.1 时间复杂度分析

待处理的文本长度为 n，统计文本发现在藏文文本中叠加字符约占总字符的 1/4，即有 $n/4$ 个叠加字符。叠加字符转换时间复杂度主要体现在查表中，存储对照表采用 Python 自带的字典数据结构，获得对应的数据时间复杂度为 $O(1)$。处理非叠加字符的时间复杂度为 $O(3n/4)$。总的时间复杂度为 $O(1\times\frac{n}{4}+\frac{3n}{4})$，即 $O(n)$。

9.6.2 空间复杂度分析

1. 存储空间

用于存储码表的空间为 $O(n)$。

2. 临时空间

用于存储待转文本和转换后文本的空间为 $O(n)$。

第 10 章 藏文的拉丁转写

10.1 问题描述

藏文属于拼音文字，由辅音字母和元音符号组成，组成音节的字符是非常有限的。由于技术条件有限，以前的计算机不能很好地处理藏文字符，所以在藏学研究等领域中就用拉丁字母来表示藏文字符，该方案称为藏文的拉丁字母转写。藏文拉丁字母转写是指将藏文字母转换成拉丁字母，从而使藏语罗马字符化的文字转写方法。这种转写可逆，能把拉丁转写还原为藏文字符，并且具有阅读功能。藏文的拉丁转写把二维平面的藏文字符转化为一维线形的拉丁字母。这不仅有利于在不支持二维复杂文字处理的软硬件上通过转换表示藏文字符，也有利于通过对藏文进行转换来加密，同时在藏文信息化程度较低的一段时间中支持了藏学等研究的发展。

国内外有较多的藏文拉丁转写方案，本章以国内外较通用的威利（Wylie）转写方案为例，通过分析藏文字符与拉丁字母的转换对应关系，用计算机实现藏文字符与拉丁字母之间的相互转换，为类似的研究奠定基础。

10.2 问题分析

10.2.1 理论依据

1. 藏文拉丁转写的原理

藏文拉丁字符转写本质上是罗马化的一套文字转写系统，是按照藏语书面语字符对照的方式来描述的。国内外关于藏文拉丁字母转写的系统有十多种，比较完善和流行的是美国华盛顿大学学者威利（Turrell Wylie）于 1959 年提出的转写方案，以威利的姓氏命名，简称威利转写。后来经很多学者的不断完善，该方案已经成为藏学界通用的转写方案。

2. 藏文字符与拉丁字符的对应关系

目前最新的 Unicode 10.0 版本中，共收录了 211 个藏文字符编码，能表示所有的藏文字符和符号，包括梵音藏字，但现代藏文只由 30 个辅音字母和 4 个元音符号构成，在此只考虑这种情况，如果需要对 Unicode 中所有的字符进行拉丁转写，原理是一致的。要实现藏文的拉丁转写，就要用拉丁字符表示每个藏文字符的构件，Wylie 转写方案中藏文字符与拉丁字符的对照关系如表 10-1 所示。

表 10-1 藏文字符与拉丁字符的对照关系

藏文字符	转写的拉丁字符	藏文字符	转写的拉丁字符	藏文字符	转写的拉丁字符	藏文字符	转写的拉丁字符
ཀ	k	ཐ	th	ཛ	dz	ས	s
ཁ	kh	ད	d	ཝ	w	ཧ	h

续表

藏文字符	转写的拉丁字符	藏文字符	转写的拉丁字符	藏文字符	转写的拉丁字符	藏文字符	转写的拉丁字符
ག	g	ན	n	ཞ	zh	ཨ	a
ང	ng	པ	p	ཟ	z	◌ི	i
ཅ	c	ཕ	ph	འ	v	◌ུ	u
ཆ	ch	བ	b	ཡ	y	◌ེ	e
ཇ	j	མ	m	ར	r	◌ོ	o
ཉ	ny	ཙ	ts	ལ	l		
ཏ	t	ཚ	tsh	ཤ	sh		

3. 藏文字符转写的方法

藏文字符转写的方法总结如下：

（1）从连续藏文文本中分隔出藏文音节，以藏文音节为单位进行转写。

（2）将藏文音节中的字符按照藏文音节的书写顺序（即前加字、上加字、基字、下加字、元音、后加字、再后加字）进行一个藏文字符对应一或多个拉丁字符的转换。音节中藏文字符的顺序也是藏文音节在计算机中各字符的编码顺序，即一个音节按照计算机中的编码流转换为对应的拉丁字符序列。

（3）如果一个音节没有显示元音符号（即◌ི ◌ུ ◌ེ ◌ོ），其元音符号的位置处添加一个表示隐形元音符号的拉丁字符 a，所以要识别藏文音节的构件。

（4）按照每个藏文对应一个或多个拉丁字符的转换规则，“གཡ”和“གྱ”的拉丁转换都会变成“gy”，为了不混淆，将“གྱ”转换为“g_y”用于区别。

（5）字与字之间的隔音符点（tsheg）用空格来代替，而用一个点（.）来代表一个垂形符号（shad），以此类推，多个垂形符号用多个点来表示。

4. 拉丁字符转回藏文字符的方法

按照藏文字符转写逆过程，通过查表将表示藏文字符的拉丁字符对应转换为相应的藏文字符。

5. 藏文音节分隔

在进行藏文拉丁字母转写、藏文音节统计、藏文音节构件统计等操作时，都要从藏文连续文本中分隔藏文音节。为了能分隔出藏文音节，首先要确定藏文音节分隔字符。

1）藏文音节分隔字符的筛选

藏文是一种拼音型文字，一般一个音节表示一个藏字。在藏文文本中，藏文的音节主要以“་”（0x0F0B）、“།”（0x0F0D）和一些特殊符号来分隔。对藏文文本分析发现，分隔藏文音节的特殊符号有藏文的分隔符、标点符号、藏文的特殊符号和藏文的数字符号。参照 Unicode 藏文字符编码集，共整理了 90 个藏文的分隔符、数字和特殊符号。表 10-2 是藏文的 37 个音节分隔符、标点符号（不包括 0F05、0F7F），表 10-3 是藏文的 33 个特殊符号和特殊字符，表 10-4 是藏文的 20 个数字符号。这些字符出现在文本中起到分隔音节的作用，因此在设计中作为音节分隔符进行处理。

表 10-2 藏文的分隔符、标点符号

编码	符号	编码	符号	编码	符号	编码	符号	编码	符号
0F01	༁	0F0A	༊	0F12	༒	0F3A	༺	0FD2	࿒
0F02	༂	0F0B	་	0F13	༓	0F3B	༻	0FD3	࿓
0F03	༃	0F0C	༌	0F14	༔	0F3C	༼	0FD4	࿔
0F04	༄	0F0D	།	0F34	༴	0F3D	༽	0FD9	࿙
0F06	༆	0F0E	༎	0F35	◌༵	0F3E	◌༾	0FDA	࿚
0F07	༇	0F0F	༏	0F36	༶	0F3F	◌༿		
0F08	༈	0F10	༐	0F37	◌༷	0FBE	྾		
0F09	༉	0F11	༑	0F38	༸	0FBF	྿		

表 10-3 藏文的特殊符号

编码	符号	编码	符号	编码	符号	编码	符号	编码	符号
0F00	ༀ	0F1B	༛	0FC2	࿂	0FC9	࿉	0FD1	࿑
0F15	༕	0F1C	༜	0FC3	࿃	0FCA	࿊	0FD5	࿕
0F16	༖	0F1D	༝	0FC4	࿄	0FCB	࿋	0FD6	࿖
0F17	༗	0F1E	༞	0FC5	࿅	0FCC	࿌	0FD7	࿗
0F18	◌༘	0F1F	༟	0FC6	◌࿆	0FCE	࿎	0FD8	࿘
0F19	◌༙	0FC0	࿀	0FC7	࿇	0FCF	࿏		
0F1A	༚	0FC1	࿁	0FC8	࿈	0FD0	࿐		

表 10-4 藏文的数字符号

编码	符号	编码	符号	编码	符号	编码	符号	编码	符号
0F20	༠	0F24	༤	0F28	༨	0F2C	༬	0F30	༰
0F21	༡	0F25	༥	0F29	༩	0F2D	༭	0F31	༱
0F22	༢	0F26	༦	0F2A	༪	0F2E	༮	0F32	༲
0F23	༣	0F27	༧	0F2B	༫	0F2F	༯	0F33	༳

2）藏文音节分割字符的编码

按照以上的分析，程序中用来分隔藏文音节的 90 个藏文的分隔符、数字、特殊符号编码如下：

0x0F00,0x0F01,0x0F02,0x0F03,0x0F04,0x0F06,0x0F07,0x0F08,0x0F09,
0x0F0A,0x0F0B,0x0F0C,0x0F0D,0x0F0E,0x0F0F,0x0F10,0x0F11,0x0F12,
0x0F13,0x0F14,0x0F15,0x0F16,0x0F17,0x0F18,0x0F19,0x0F1A,0x0F1B,
0x0F1C,0x0F1D,0x0F1E,0x0F1F,0x0F20,0x0F21,0x0F22,0x0F23,0x0F24,
0x0F25,0x0F26,0x0F27,0x0F28,0x0F29,0x0F2A,0x0F2B,0x0F2C,0x0F2D,
0x0F2E,0x0F2F,0x0F30,0x0F31,0x0F32,0x0F33,0x0F34,0x0F35,0x0F36,
0x0F37,0x0F38,0x0F3A,0x0F3B,0x0F3C,0x0F3D,0x0F3E,0x0F3F,0x0FBE,
0x0FBF,0x0FC0,0x0FC1,0x0FC2,0x0FC3,0x0FC4,0x0FC5,0x0FC6,0x0FC7,
0x0FC8,0x0FC9,0x0FCA,0x0FCB,0x0FCC,0x0FCE,0x0FCF,0x0FD0,0x0FD1,
0x0FD2,0x0FD3,0x0FD4,0x0FD5,0x0FD6,0x0FD7,0x0FD8,0x0FD9,0x0FDA

10.2.2 算法思想

藏文字符拉丁转写和拉丁转回藏文字符是两个互逆的过程，要分别实现。

1. 藏文字符转换为拉丁字符的思想

藏文字符转换为拉丁字符时，以藏文的一个音节为单位，从藏文连续文本中分隔出藏文音节，还要建立藏文字符中能作为藏文音节分隔的字符表。转换时，如果藏文音节没有显示的元音符号，则需要添加一个表示隐形的元音符号“a”，为了确定隐形元音符号的位置，对藏文音节要进行构件的识别。在识别藏文音节的构件时，还要处理藏文音节的 3 个黏着词“འི”“འུ”“འོ”。具体方法如下：

第 1 步：读取拆分构件文件获得的藏字与构件数据。

第 2 步：将藏字与对应构件按照拉丁转写规则建立字符串与对应字典。

第 3 步：从藏文连续文本中读一个字符到 ch 中。

第 4 步：判断 ch 是否是藏文分隔符和非藏文字符，如果不是则把 ch 中的字符加入藏文音节 s 中，清空 ch，转到第 3 步；如果是，则清空 ch，转到步骤 5。

第 5 步：判断 s 是否可以在藏字转写拉丁字典中查找到，如果是，则转化为对应拉丁字符串，输出结果，如果不是则说明是黏着词等其他情况，需进行黏着词处理，输出黏着词处理结果，s 清空。转到第 1 步直到文本结束。

2. 拉丁字符转回藏文字符的思想

拉丁字符转回藏文字符时，以藏文音节为单位，在对应的拉丁转写藏文字典中查找，具体方法如下：

第 1 步：从表示藏文的拉丁字符连续文本中读一个字符到 ch 中。

第 2 步：判断 ch 是否是表示藏文辅音的拉丁字符，如果是，则把 ch 中的字符加入表示音节辅音的 s 中，清空 ch，转到第 1 步；如果不是，则转第 3 步。

第 3 步：查找 s 是否在拉丁转写藏文字典中，如果存在则输出 s 转回藏文的字符，s 清空；查找不成功，则说明转换对象是黏着词等情况，将 s 进行分块处理，将每个分块在拉丁转写藏文字典中进行查找转回，输出对应藏文字符。转到第 4 步。

第 4 步：通过判断 ch 和最后一位，输出控制分隔符。转到第 1 步直到文本结束。

10.3 算法设计

10.3.1 存储空间

需要建立两个藏文字符与拉丁字符的对照表。该表为字典类型，其中一个字典为藏文字符与拉丁字符的对照，另一个字典为拉丁字符与藏文字符的对照。

```
t2l_dict = dict()
l2t_dict = dict()
```

10.3.2 流程图

1. 藏文字符转拉丁字符流程图

藏文字符转拉丁字符的流程如图 10-1 所示。

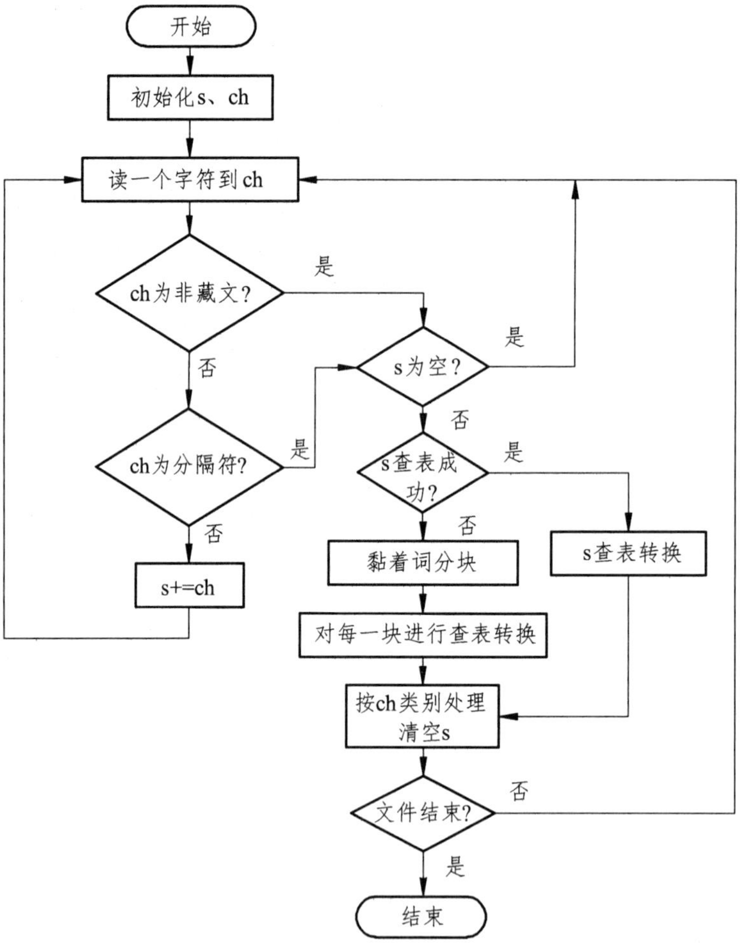

图 10-1 藏文字符转拉丁字符函数流程图

2. 拉丁字符转藏文字符流程图

拉丁字符转藏文字符的流程如图 10-2 所示。

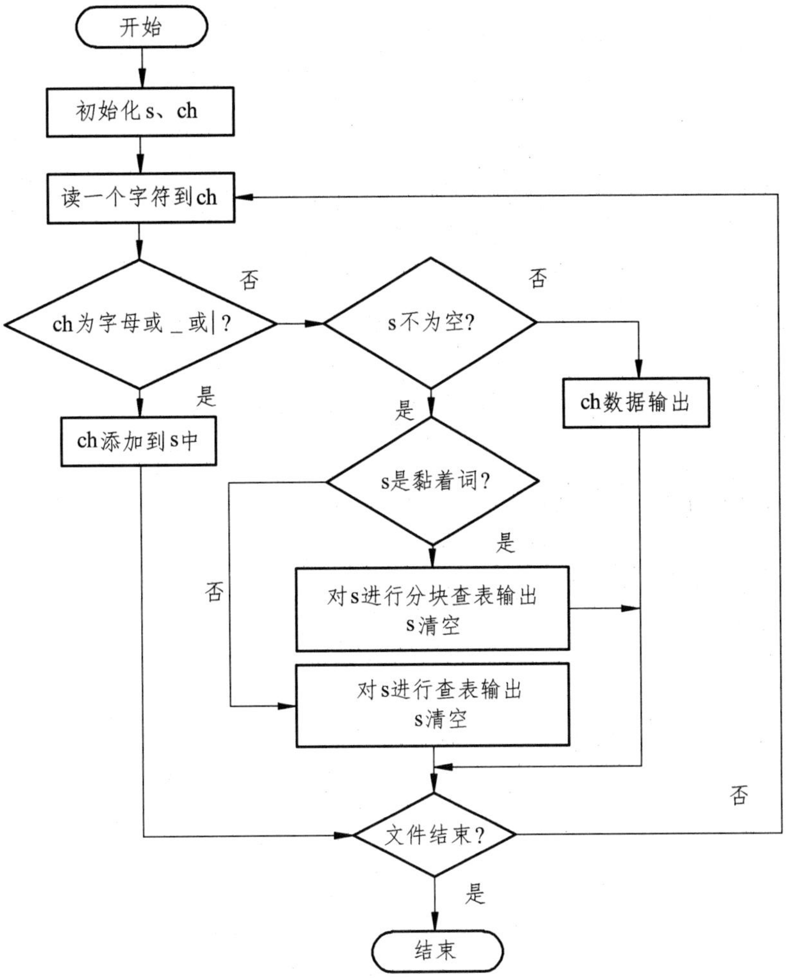

图 10-2　拉丁字符转藏文字符主函数流程图

10.3.3　伪代码

1. 藏文字符转拉丁字符

藏文字符转拉丁字符的伪代码如下：

```
def t2l_tansform(data_list, t2l_dict):
# data_list 是以字符串为元素的列表，t2l_dict 是藏字对应拉丁字符串的字典
    out_list = []  # 转写后的输出存储列表
    split_list_chars = split_list()  # 获得藏文字符串与拉丁字符串的字典
    for line_data in data_list:  # 对文本按行进行转写操作
        str_out = ''  # 行输出数据存储字符串
        str_stack = ''  # 藏文音节存储字符串
        for char in line_data:  # 对行数据按字符进行操作
            if 0x0F40 <= ord(char) < 0x0F70 or 0x0F90 <= ord(char) < 0x0FC0 or char in vowel_w:  # 判断字符是否为藏文辅音或元音
                str_stack += char  # 保存藏文辅音和元音到藏文音节存储字符串
            elif str_stack != '':  # 判断字符不为藏文且藏文音节存储字符串有数据
```

```
                try:
                    str_out += order_dict[str_stack]  # 尝试在字典中查找，若能找到则返回结果到行输出数据存储字符串
                except KeyError:
                    str_stack = t2l_cohesive_words(str_stack, l2t_dict)  # 黏着词处理
                    str_out += str_stack  #在字典中查找不到，藏文音节一般考虑为黏着词
                if char == '|':  # 以下处理分隔符
                    char = '.'
                elif char in split_list_chars:
                    char = ' '
                str_out += char
                str_stack = ''
            else:
                str_out += char  #对于字符为非藏字且藏文音节存储字符串为空，不进行操作，字符输出到行输出数据存储字符串
        out_list.append(str_out)  # 每行数据保存到输出存储列表
    return out_list
```

藏文字符转拉丁字符中的黏着词处理伪代码如下：

```
# data_list 是以字符串为元素的列表，l2t_dict 是拉丁字符串对应藏字的字典
    str_out = ''  # 保存转换后的黏着词转写
    str_temp = ''  # 保存对黏着词的分块
    for char in str_target:
        if 0x0F40 <= ord(char) <= 0x0F70:  # 对每个黏着词的分块进行处理并在分块间添加“|”符号进行分隔
            if str_temp != '':
                str_out += t2l_dict[str_temp]
                str_out += '|'
                str_temp = char
            else:
                str_temp += char
        else:
            str_temp += char
    str_out += t2l_dict[str_temp]
    return str_out
```

2. 拉丁字符转藏文字符

拉丁字符转藏文字符的伪代码如下：

```
def t2l_tansform(data_list, t2l_dict):
    out_list = []
    for line_data in data_list:
        str_out = ''
        str_stack = ''
```

```
        for char in line_data:
            if char.isalpha() or char == '_' or char == '|_':  # 判断是否字符为字母或者_
                str_stack += char
            elif str_stack != '':
                try:
                    str_out += l2t_dict[str_stack]
                except KeyError:
                    str_stack = l2t_cohesive_words(str_stack, l2t_dict)  # 黏着词处理
                    str_out += str_stack
                str_out += char
                str_stack = ''
            else:
                str_out += char
        out_list.append(str_out)
    return out_list
```

拉丁字符转藏文字符的黏着词处理伪代码如下：

```
str_out = ''  # 保存转换后的黏着词转写
for char in str_target.split('|'):  # 对对象中的黏着词分块进行提取
    str_out += t2l_dict[char]
return str_out
```

10.4 程序实现

10.4.1 代码

（1）新建一个项目。

（2）在项目中新建一个名为“experience10.py”的文件，其中添加如下代码：

① 导入库，定义变量：

```
import sys
import tkinter as tk
from tkinter import filedialog, messagebox, Frame
from ttkbootstrap import Style
import xlrd
consonant_dict = {'ཀ': 'k', "ཁ": 'kh', "ག": 'g', 'ང': 'ng', 'ཅ': 'c',
                  'ཆ': 'ch', 'ཇ': 'j', 'ཉ': 'ny', 'ཏ': 't', 'ཐ': 'th',
                  'ད': 'd', 'ན': 'n', 'པ': 'p', 'ཕ': 'ph', 'བ': 'b',
                  'མ': 'm', 'ཙ': 'ts', 'ཚ': 'tsh', 'ཛ': 'dz', 'ཝ': 'w',
                  'ཞ': 'zh', 'ཟ': 'z', 'འ': 'v', 'ཡ': 'y', 'ར': 'r',
                  'ལ': 'l', 'ཤ': 'sh', 'ས': 's', 'ཧ': 'h', 'ཨ': 'a',
                  'ི': 'i', 'ུ': 'u', 'ེ': 'e', 'ོ': 'o'}
vowel_w = ["ི", "ུ", "ེ", "ོ"]
```

② 获得藏文字符串和拉丁字符串对照的字典以及分隔符列表模块：

```
def is_super_word(char):
    flag = False
    if 0x0F90 <= ord(char) <= 0x0FC0:
        flag = True
        char = chr(ord(char) - (0x0F90 - 0x0F40))
    return flag, char

def make_2_tabel(path=r'Classified(1).xls'):
    t2l_dict = dict()
    l2t_dict = dict()
    with xlrd.open_workbook(path) as file:
        table = file.sheets()[0]
        for i in range(1, table.nrows):
            str_out = ''
            row_values = table.row_values(i)
            for j, char in enumerate(row_values):
                if j == 0:
                    t_word = char
                elif j == 6 and char == '':
                    str_out += 'a'
                else:
                    if char == '':
                        continue
                    flag, char = is_super_word(char)
 # 解决原藏字拉丁对照规则的缺失
                    if flag:
                        str_out += '_'
                    str_out += consonant_dict[char]
            t2l_dict.update({t_word: str_out})
            l2t_dict.update({str_out: t_word})
    return t2l_dict, l2t_dict

def split_list(path=r'藏字分隔符.txt'):
    out_list = []
    with open(path, encoding='utf-8', mode='r') as file:
        for line_data in file.readlines():
            for char in line_data.strip().strip(',').split(','):
                out_list.append(chr(int(char, base=16)))
    return out_list
```

③ GUI 界面模块：

```
class creatUI:
    def __init__(self):

        self.txt_data = []
        self.out_data = []
        self.t2l_dict, self.l2t_dict = make_2_tabel()

        self.style = Style(theme='lumen')
        self.window = self.style.master
        self.window.title('BasicToExtension')   # 标题
        self.window.geometry('820x600+600+300')   # 窗口尺寸+窗口初始距离屏幕左上角的位置

        self.fram0 = Frame(self.window, relief="sunken")
        self.label0 = tk.Label(self.fram0, text='源文件：', font=('黑体', 12))
        self.label0.pack(anchor='w', expand='yes')
        self.text0 = tk.Text(self.fram0, width=40, height=7)
        self.text0.pack(expand='yes')
        self.label1 = tk.Label(self.fram0, text='目标文件：', font=('黑体', 12))
        self.font0 = tk.font.Font(family='Arial',size=20)
        self.text0.configure(font=self.font0)
        self.label1.pack(anchor='w', expand='yes')
        self.text1 = tk.Text(self.fram0, width=40, height=7)
        self.font1 = tk.font.Font(family='Arial',size=20)
        self.text1.configure(font=self.font1)
        self.text1.pack(expand='yes')
        self.fram0.pack(side='left', ipadx=5, ipady=10, expand='yes')

        self.fram1 = Frame(self.window, relief="sunken")
        self.bt0 = tk.Button(self.fram1, text='打开', width=15, height=2, command=self.open_file)
        self.bt0.pack(padx=20, pady=35, expand='yes')
        self.bt1 = tk.Button(self.fram1, text='拉丁转写', width=15, height=2, command=self.t2l_trans)
        self.bt1.pack(padx=20, pady=35, expand='yes')
        self.bt2 = tk.Button(self.fram1, text='转回藏文', width=15, height=2, command=self.l2t_trans)
        self.bt2.pack(padx=20, pady=35, expand='yes')
        self.bt3 = tk.Button(self.fram1, text='保存', width=15, height=2, command=self.save_data)
        self.bt3.pack(padx=20, pady=35, expand='yes')
        self.bt4 = tk.Button(self.fram1, text='退出', width=15, height=2, command=self.quite)
        self.bt4.pack(padx=20, pady=35, expand='yes')
        self.fram1.pack(ipadx=5, ipady=10, expand='yes')
        self.window.mainloop()
```

设计的对话框窗口如图 10-3 所示。

图 10-3 程序设计窗口

（3）添加“拉丁转写”按钮的关联函数（函数位于 creatUI 类中）：

```
def t2l_trans(self):
    self.text1.delete('1.0', 'end')
    self.out_data.clear()
    if self.txt_data:
        self.out_data = t2l_tansform(self.txt_data, self.t2l_dict)
        for line_data in self.out_data:
            self.text1.insert('insert', line_data)
    else:
        messagebox.showinfo(title='警告', message='文件转换异常，请重新转换文件')
```

（4）添加“拉丁转写”按钮调用的“藏文字符串转写拉丁字符串”函数（函数位于 creatUI 类外）：

```
def t2l_tansform(data_list, t2l_dict):
    out_list = []
    split_list_chars = split_list()
    for line_data in data_list:
        str_out = ''
        str_stack = ''
        for char in line_data:
            if 0x0F40 <= ord(char) < 0x0F70 or 0x0F90 <= ord(char) < 0x0FC0 or char in vowel_w:
                str_stack += char
            elif str_stack != '':
                try:
                    str_out += t2l_dict[str_stack]
                except KeyError:
                    # 黏着词处理
```

```
                    str_stack = t2l_cohesive_words(str_stack, t2l_dict)

                    str_out += str_stack
                if char == '།':
                    char = '.'
                elif char in split_list_chars:
                    char = ' '
                str_out += char
                str_stack = ''
            else:
                if char == '།':
                    char = '.'
                elif char in split_list_chars:
                    char = ' '
                str_out += char
        out_list.append(str_out)
    return out_list
```

（5）定义藏文字符串黏着词处理函数（函数位于 creatUI 类外）：

```
def t2l_cohesive_words(str_target, t2l_dict):
    str_out = ''
    str_temp = ''
    for char in str_target:
        if 0x0F40 <= ord(char) <= 0x0F70:
            if str_temp != '':
                str_out += t2l_dict[str_temp]
                str_out += '|'
                str_temp = char
            else:
                str_temp += char
        else:
            str_temp += char
    str_out += t2l_dict[str_temp]
    return str_out
```

（6）添加“转回藏文”按钮的关联函数（函数位于 creatUI 类中）：

```
def l2t_trans(self):
    self.text1.delete('1.0', 'end')
    self.out_data.clear()
    if self.txt_data:
        self.out_data = l2t_tansform(self.txt_data, self.l2t_dict)
        for line_data in self.out_data:
            self.text1.insert('insert', line_data)

    else:
        messagebox.showinfo(title='警告', message='文件转换异常，请重新转换文件')
```

（7）定义“转回藏文”按钮调用的“拉丁字符串转写藏文字符串”函数（函数位于 creatUI 类外）：

```
def l2t_tansform(data_list, l2t_dict):
    out_list = []
    for line_data in data_list:
        str_out = ‘’
        str_stack = ‘’
        for char in line_data:
            if char.isalpha() or char == ‘_’ or char == ‘|’:
                str_stack += char
            elif str_stack != ‘’:
                try:
                    str_out += l2t_dict[str_stack]
                except KeyError:
                    # 黏着词处理
                    str_stack = l2t_cohesive_words(str_stack, l2t_dict)
                    str_out += str_stack
                if char ==  ‘.’ :
                    char =  ‘།’
                elif char ==  ‘   ‘:
                    char =  ‘་’
                #  解决'།'字符后出现‘.’字符的问题
                elif char == ' ':
                    if str_out[-1] == '།':
                        char = ' '
                    else:
                        char = '་'
                str_out += char
                str_stack = ‘’
            else:
                if char == ‘.’:
                    char = ‘།’
                elif char == ‘ ‘:
                    char = ‘་’
                #  解决'།'字符后出现‘.’字符的问题
                elif char == ' ':
                    if str_out[-1] == '།':
                        char = ' '
                    else:
                        char = '་'
                str_out += char
        out_list.append(str_out)
    return out_list
```

（8）定义拉丁字符串中对应的黏着词处理函数（函数位于 creatUI 类外）：

```
def l2t_cohesive_words(str_target, t2l_dict):
    str_out = ‘’
    for char in str_target.split(‘|’):
        str_out += t2l_dict[char]
    return str_out
```

（9）添加“打开”按钮的关联函数（函数位于 creatUI 类中）：

```
def open_file(self):
    self.txt_data.clear()
    self.text0.delete('1.0', 'end')
    self.text1.delete('1.0', 'end')
    file_path = filedialog.askopenfilename(title=u'带转换的文本', multiple=False)
    if '.txt' in file_path:
        with open(file_path, encoding='utf-8', mode='r') as file_data:
            datas = file_data.readlines()
            for line_data in datas:
                self.txt_data.append(line_data)
                self.text0.insert('insert', line_data)
    else:
        messagebox.showinfo(title='警告', message='文件加载异常，请重新加载文件')
```

（10）添加“保存”按钮的关联函数（函数位于 creatUI 类中）：

```
def save_data(self):
    if self.out_data:
        with open('experiment10.txt', encoding='utf-8', mode='w+') as file:
            for line_data in self.out_data:
                file.write(line_data)
        messagebox.showinfo(title='提示', message='保存成功')
    else:
        messagebox.showinfo(title='警告', message='文件保存异常，请重新保存文件')
```

（11）添加“退出”按钮的关联函数（函数位于 creatUI 类中）：

```
def quite(self):
    self.window.quit()
    sys.exit()
```

（12）主函数模块：

```
if __name__ == '__main__':
    creatUI()
```

10.4.2 代码使用说明

运行时，请按照自己计算机中码表的位置和文件名修改读文件的地址：

```
Make_2_tabel(path=r’Classified.xls’)  # 构件拆分表
split_list(path=r'藏字分隔符.txt')  # 藏字分隔符表
```

10.5 运行结果

10.5.1 运行结果

（1）藏文拉丁转写的运行结果如图10-4所示。

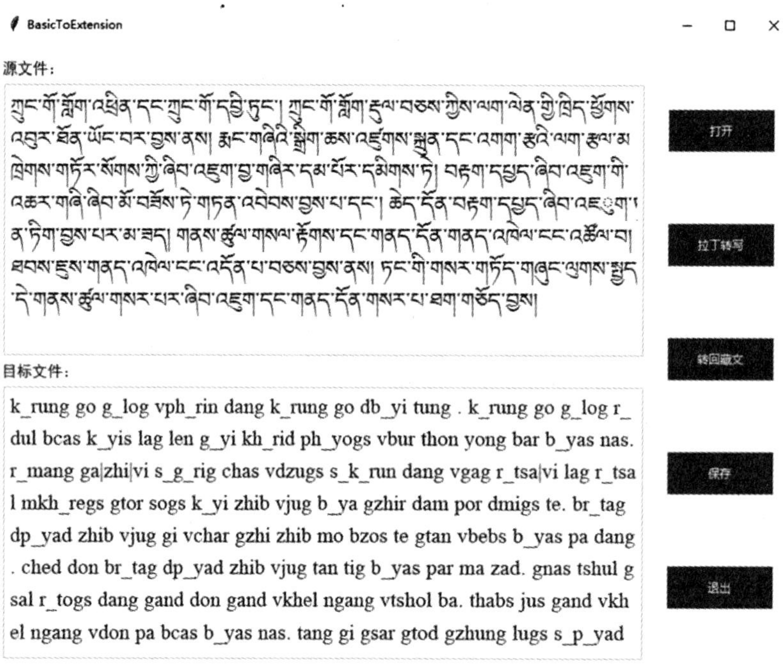

图10-4 运行结果

（2）拉丁字符转回为藏文字符的运行结果如图10-5所示。

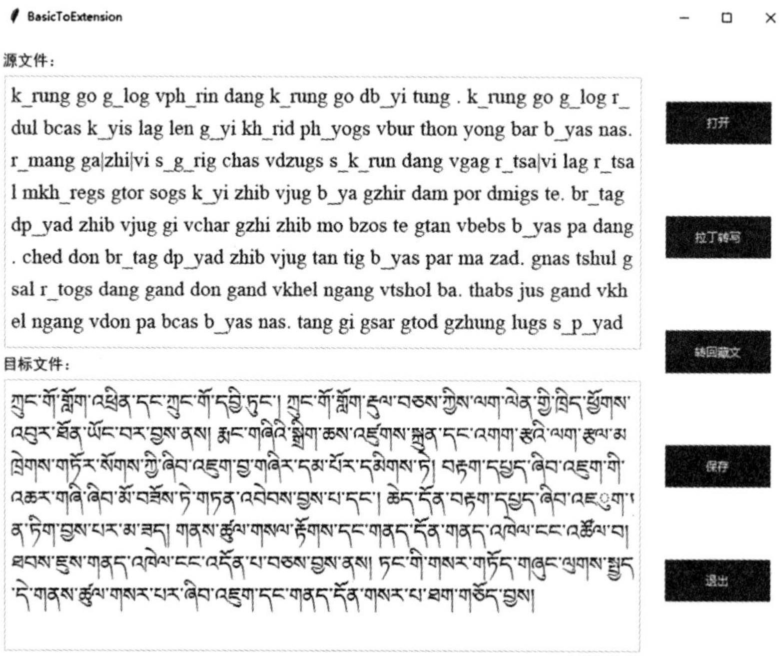

图10-5 运行结果

10.5.2 讨论

该算法基本上实现了藏文拉丁转写和拉丁转回藏文的简单功能，即把一个藏文文本转换为拉丁字符文本，再把拉丁字符文本转回藏文文本。在按照藏学界通用的转写方案进行拉丁转写时，存在不同的藏文进行拉丁转换后得到相同的拉丁字符，拉丁字符转回藏字时也会存在问题，并且过程中的分隔符转换也会存在问题[①]。在此基础上本书做出了优化：

（1）在转化过程中，对叠加状态的藏字用下划线“_”进行标识，确保藏字与拉丁字符的关系是一一对应，解决了藏字转换的问题。

（2）通过对已转换的字符串最后一位字符进行判断，控制未转换字符对应字符为‘·’或空格，使得藏文音节分隔符可以正确转换。

10.6 算法分析

10.6.1 时间复杂度分析

1. 藏文拉丁转写的时间复杂度

对文本中的藏文音节字符串进行分割，每个藏文音节在字典中查找对应的拉丁字符串，由于使用的是字典数据结构，故每次查找的时间复杂度为 $O(1)$。总的时间复杂度为 $O(n)$。

2. 拉丁字符转回藏文字符的时间复杂度

对文本中的拉丁字符串进行分割，每个拉丁字符串在字典中查找对应的藏文音节字符串，总的时间复杂度为 $O(n)$。

10.6.2 空间复杂度分析

1. 存储空间

两个对照字典作为存储码表的空间。

2. 临时空间

文本为 n 个字符，进行转换时原文件占用 n 个空间，转换后的目标文件占 n 个空间，共占 $O(2n)$个空间。

① 高定国. 现代藏文字符自动分析——Visual C++实现[M]. 成都：西南交通大学出版社，2022.

第 11 章 《藏字数字编码方案》的实现

11.1 问题描述

“编码”既是动词也是名词，作动词时表示“信息从一种形式或格式转换为另一种形式的过程”①，具体来说就是“用预先规定的方法将文字、数字或其他对象编成数码，或将信息、数据转换成规定的电脉冲信号”。其逆过程称为“解码”。编码作为名词是指用数字、字母、特殊的符号或它们之间的组合来表示事物的记号，即编码产生的序列。编码广泛用于电子计算机、电视、遥控和通信等方面。毛尔盖·桑木旦设计了一套用数字对现代藏文字进行编码的方案，四川省阿坝州藏文编译局于 1993 年 10 月印制，称为《藏文编码表》②，如图 11-1 所示。

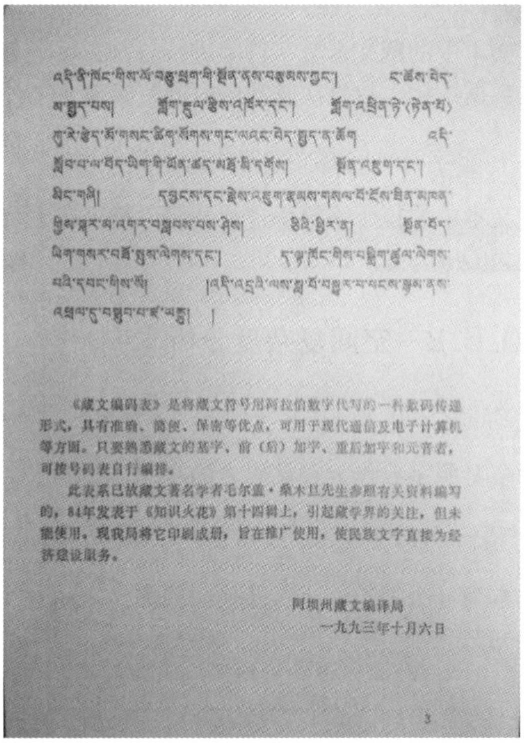

《藏文编码表》是将藏文符号用阿拉伯数字代写的一种数码传递形式，具有准确、简便、保密等优点，可用于现代通信及电子计算机等方面。只要熟悉藏文的基字、前（后）加字、重后加字和元音者，可按号码表自行编排。

此表系已故藏文著名学者毛尔盖·桑木旦先生参照有关资料编写的，84年发表于《知识火花》第十四辑上，引起藏学界的关注，但未能使用。现我局将它印刷成册，旨在推广使用，使民族文字直接为经济建设服务。

阿坝州藏文编译局

一九九三年十月六日

3

图 11-1 阿坝州藏文编译局印制的《藏文编码表》

该表不只是一个简单的“编码表”，而是一个完整的编码方案，其不仅有“编码”的表，同时也有编码、解码的方式和示例，编码对象是现代的藏文字，用十进制数字进行编码，故又被称为《藏字数字编码方案》。分析发现该方案不仅具有很高的学术研究和参考价值，而且具有很重要的实际应用价值。本章用计算机实现《藏字数字编码方案》的编码和解码算法。

① 童应学，吴燕. 计算机应用基础教程[M]. 武汉：华中师范大学出版社，2010.

② 阿坝州编译局. 藏文编码表[M]. 马尔康：阿坝州编译局，1993.

11.2 问题分析

11.2.1 理论依据

1.《藏字数字编码方案》的编码表

《藏字数字编码方案》针对不同的编码点设计了 3 个不同的编码表，分别是前加字、基字、元音及后加字等的编码表。

1）前加字编码表

前加字用 1 位十进制数进行编码，5 个前加字分别用 1~5 的 5 个数字编码，前加字在基字中的先后顺序对应数字的先后顺序，如表 11-1 所示。例如，“ད”的编码就是“2”。

表 11-1 前加字编码表

སྔོན་འཇུག	1	2	3	4	5
	ག	ད	བ	མ	འ

2）基字编码表

基字采用二位十进制数进行编码，由横坐标 0~9 的 10 个值（སྟེང་གྲངས།）和纵坐标 0~9 的 10 个值（གཡས་གྲངས།）构成二维平面，其中基字的编码由横、竖两个十进制坐标值构成，即“མིང་རྗེས་རིའུ་མིག་དང་པོ་སྟེང་གྲངས་དང་།།དེ་རྗེས་གཡས་གྲངས་འཛིན་ཚུལ་ཞེས་པར་བྱ།།”。基字的编码表如表 11-2 所示，表中按照 30 个辅音字母、上加字与基字的两层组合、基字与下加字的两层组合及上加字、基字与下加字的三层组合顺序排列，其先后顺序按照藏文辅音字母的顺序横向排布。例如，“རྙ”的编码就是“43”。

表 11-2 基字编码表

མིང་གཞི།										
སྟེང་གྲངས། / གཡས་གྲངས།	0	1	2	3	4	5	6	7	8	9
0	ཀ	ཁ	ག	ང	ཅ	ཆ	ཇ	ཉ	ཏ	ཐ
1	ད	ན	པ	ཕ	བ	མ	ཙ	ཚ	ཛ	ཝ
2	ཞ	ཟ	འ	ཡ	ར	ལ	ཤ	ས	ཧ	ཨ
3	རྐ	རྒ	རྔ	རྗ	རྙ	རྟ	རྡ	རྣ	རྦ	རྨ
4	རྩ	རྫ	ལྐ	ལྒ	ལྔ	ལྕ	ལྗ	ལྟ	ལྡ	ལྤ
5	ལྦ	སྐ	སྒ	སྔ	སྙ	སྟ	སྡ	སྣ	སྤ	སྦ
6	སྨ	སྩ	ཀྱ	ཁྱ	གྱ	པྱ	ཕྱ	བྱ	མྱ	ཀྲ
7	ཁྲ	གྲ	ཏྲ	ཐྲ	དྲ	པྲ	ཕྲ	བྲ	སྲ	ཧྲ
8	ཀླ	གླ	བླ	ཟླ	རླ	སླ	རྐྱ	རྒྱ	རྨྱ	སྐྱ
9	སྒྱ	སྤྱ	སྦྱ	སྨྱ	སྐྲ	སྒྲ	སྣྲ	སྤྲ	སྦྲ	སྨྲ

3）元音及后加字等编码表

元音及后加字等的编码方式与基字的编码方式一致，顺序为 4 个元音、元音与后加字、再后加字的组合，如表 11-3 所示。例如，“◌ོབས”的编码就是“94”。

表 11-3 元音及后加字等编码表

དབྱངས་རྗེས།										
སྟེང་ གྲས། / གཡས་ གྲས།	0	1	2	3	4	5	6	7	8	9
0	◌ི	◌ུ	◌ེ	◌ོ	◌ཱོ	◌ཱ	◌ཱགས	◌ཱངས	[illegible]	[illegible]
1	◌ག	◌གས	◌ིག	◌ིགས	◌ུག	◌ུགས	◌ེག	◌ེགས	◌ོག	◌ོགས
2	◌ང	◌ངས	◌ིང	◌ིངས	◌ུང	◌ུངས	◌ེང	◌ེངས	◌ོང	◌ོངས
3	◌ད	◌ིད	◌ུད	◌ེད	◌ོད	◌ན	◌ིན	◌ུན	◌ེན	◌ོན
4	◌བ	◌བས	◌ིབ	◌ིབས	◌ུབ	◌ུབས	◌ེབ	◌ེབས	◌ོབ	◌ོབས
5	◌མ	◌མས	◌ིམ	◌ིམས	◌ུམ	◌ུམས	◌ེམ	◌ེམས	◌ོམ	◌ོམས
6	◌འ	◌འི	◌འུ	◌འེ	◌འོ	◌ིའི	◌ུའི	◌ེའི	◌ོའི	◌ིའུ
7	◌ུའུ	◌ེའུ	◌ོའུ	◌ིའེ	◌ུའེ	◌ེའེ	◌ོའེ	◌ིའོ	◌ུའོ	◌ེའོ
8	◌ོའོ	◌ར	◌ིར	◌ུར	◌ེར	◌ོར	◌ལ	◌ིལ	◌ུལ	◌ེལ
9	◌ོལ	◌ས	◌ིས	◌ུས	◌ེས	◌ོས	◌ུབས	◌ཻལ	◌ཽན	◌འང

2.《藏字数字编码方案》的编码方式

《藏字数字编码方案》中的编码方案是：首先是前加字、其次是基字、最后是元音和后加字；每个前加字用 1 位数字编码，每个基字、元音和后加字用 2 位数字编码；基字、元音和后加字以先行后列查编码表（即“ཨང་ཡིག་འབྲི་བའི་རིའུ་མིག་སྤྱོད་ཚུལ་ནི། དང་པོ་སྔོན་འཇུག་གཉིས་པ་མིང་གཞི་ལ། ། གསུམ་པ་དབྱངས་རྗེས་སྔོན་འཇུག་ལ་ཨང་རེ། །མིང་གཞི་དབྱངས་རྗེས་རེ་ལ་ཨང་གཉིས་རེ། ། མིང་རྗེས་རིའུ་མིག་དང་པོ་སྟེང་བྱར་དང་། །དེ་རྗེས་གཡས་བྱར་འཛིན་ཚུལ་ཤེས་པར་བྱ།།”）。一个藏文字符一般由 1~7 个字符构成，但该编码方案并不是以藏文字符构件为单位，而是按照藏文的组合，设计了 3 个不同的编码点：前加字、基字、元音及后加字等。前加字用 1 位十进制数字表示，基字、元音及后加字等用 2 位十进制数字表示，分别由编码表的横、纵两个坐标值构成。其编码示意图如图 11-2 所示。

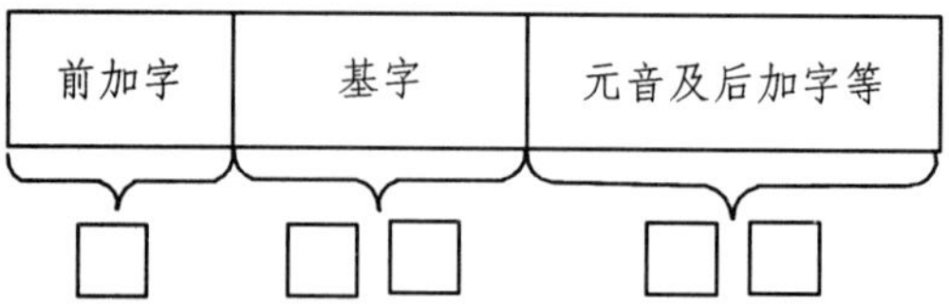

图 11-2 《藏字数字编码方案》的编码示意图

从编码方式可以看出，该编码最少 2 位数，最多 5 位数，也可能会出现 3 位数或 4 位数的情况。例如，“ཀ”的编码是“00”，“བསྒྲིགས”的编码是“3 59 31”。

3.《藏字数字编码方案》的解码方式

解码是编码的逆过程，能够通过编了码的数字还原出藏文字符。《藏字数字编码方案》中的解码方案是：5 位数字则表示前加字、基字、元音和后加字齐全；4 位数字则表示基字、元音和后加字；3 位数字则表示前加字和基字；2 位数字则表示只有基字（即 ཨང་ལྔ་ཡོད་ཚེ་སྔོན་མིང་དབྱངས་རྗེས་ཚང་། །ཨང་བཞི་ཡོད་ཚེ་མིང་དབྱངས་རྗེས་གཉིས་ཡིན། །ཨང་གསུམ་ཡོད་ཚེ་སྔོན་འཇུག་མིང་གཞི་ཙམ། །ཨང་གཉིས་ཡོད་ཚེ་མིང་གཞི་རྐྱང་པའོ། ། ）。

4.《藏字数字编码方案》的改进

1）藏文字符编码不完备

编码表缺少了"ཕྱ""སྦྱ"和"◌ྭ"的组合块，导致了以这些组合块为基字块的字符无法进行编码，虽然在"元音及后加字等"表中添加了"◌ྱུབས""◌ྱིལ""◌ྱོན"3 个编码，能完成"སྦྱུབས""སྦྱིལ""སྦྱོན"的编码，但还有很多其他以这两个字为基字的字符都无法编码。

对"基字表"用 2 位编码空间不足，则用 3 位表示基字，编码空间从 000 扩展到了 999 个，完全解决了基字编码空间不足的问题，也可以放置部分梵音藏字，则编码会出现 3 位、4 位、5 位和 6 位。如果是 3 位，则只有基字；如果是 4 位，则有前加字和基字；如果是 5 位，则有基字、元音及后加字部分；如果有 6 位，则表示所有构件都齐全。把已有的"基字表"中的字符的最高位设为"0"，则添加的最高位从"1"开始放置。

2）有少量编码歧义存在

由于"元音及后加字"表中添加了"◌ྱུབས""◌ྱིལ""◌ྱོན"3 个编码，导致了编码歧义的产生。例如，"ཏྱིལ"正常的编码应该是"4798"，但也可以编码为"0197"。一个编码方案中，一个字符的编码不能出现多种，否则就要用规则限制，但那样又破坏了编码的简单易用性。

"元音及后加字"表仅仅只作为元音及后加字的字表，把带"◌ྭ"等有基字构件的字符"40""50""60""70""80""90""69""79""89"取掉，由于基字编码空间用 3 位数进行了扩充，这些字符的组合块可以放置到基字编码空间中。

虽然"元音及后加字"表中有较多的黏着词，但是仍然对"རྗེའུའི"等两次黏着的情况无法进行编码，所以程序中把黏着词进行拆分，再识别构件，分别查对应的表进行编码，可以在黏着词之间用"–"连接符号进行连接，而不用"元音及后加字"表中黏着词的编码。

3）符号的编码

藏文字符除了字以外，还有很多符号，这些符号出现频率非常高，也是不可缺少的，但在该编码中没有体现出来。本设计中用"空格"代替藏文音节隔音符"་"，用一个实心点"."代替锤形符"།"。

对原《藏字数字编码方案》进行如上的改进后基本能实现对藏文的数字编码和解码，但此方案并非完备，仍有待优化之处。

11.2.2 算法思想

藏文字符编码用数字来表示和表示藏文的数字通过解码转回藏文字符是两个互逆的过程，要分别实现。

1. 编码

藏文字符编码时，以藏文的一个音节为单位。先从藏文连续文本中分隔出藏文音节，还要建立藏文字符中能作为藏文音节分隔的字符表（同第 10 章）。由于藏文音节转换为数字编码是按照构件进行的编码，所以在编码前要识别藏文音节的构件。在识别藏文音节构件时，还要处理 4 个藏文音节黏着词"འི""འུ""འོ""འང"。具体思想如下：

第 1 步：将藏文连续文本以字符串形式存储入变量 essay，并把文本中的分隔符替换为与源文本不同的空格（普通空格或者 NBSP 空格），把单锤符替换为‘.’，初始化 s 和 ch。

第 2 步：从 essay 中读一个字符到 ch 中。

第 3 步：判断 ch 是否是藏文构件，如果是则添加到 s 中。

第 4 步：判断 s 是否为空，如果不空则转到第（6）步；如果空的则把 ch 添加到 target 中。

第 5 步：判断 essay 是否为空，如果 essay 不为空则转到第（2）步，如果 essay 为空则程序结束。

第 6 步：判读 s 是否含黏着后缀，如果是则将黏着体和黏着词尾分开后插入 words 列表中，如果不是则把 s 直接插入 words 列表中。

第 7 步：从 words 依次取一个元素到 word 中，再判断 word 是否是空的，如果是则转到第（5）步；如果不是则转第（8）步。

第 8 步：判断 word 是否是列表的最后一个元素，如果是则识别 word 的构件；如果不是则在 target 添接字符“–”。

第 9 步：根据识别后的构件查找对应前加字、基字、元音及后加字的三个表进行转换，转到第（7）步。

2. 解码

表示藏文字符的数字转回藏文字符时，算法先按照表示藏文字符数字的位数划分为不同的构件数字组合，再查找对应的表来还原藏文字符。例如，编码“403683”是 6 位，按照“1、3、2”划分为“4”“036”“83”3 个表示构件的数字组合，分别对应于前加字的“མ”、基字的“ཁྲ”和元音及后加字的“ིན”，合起来就是“མཁྲིན”。具体思想如下：

第 1 步：将编码文本以字符串形式存储入变量 essay，初始化 s 和 ch。

第 2 步：从 essay 读一个字符到 ch。

第 3 步：判断 ch 是否是数字字符，如果是则将 ch 添加到 s 的尾部后转到第（2）步；如果不是则转到第（4）步。

第 4 步：判断 s 是否为空，如果是则把 ch 添接到 target 尾部后转到第（5）步；如果不是则转到第（6）步。

第 5 步：判断文本是否结束，如果是则程序结束，如果不是则转到第（2）步。

第 6 步：判断 s 中编码数字的位数，按照编码位数的多少进行不同的处理：

①如果编码数字是 6 位，则按照“1、3、2”对应于前加字、基字、元音及后加字等；

②如果编码数字是 5 位，则按照“3、2”对应于基字、元音及后加字等；

③如果编码数字是 4 位，则按照“1、3”对应于前加字和基字；

④如果编码数字是 3 位，则直接对应于基字；

⑤如果编码数字位数小于 3 或大于 6，即出现原文本中的数字字符与数字编码相连的情况，此时不做解码处理，将这串编码显示于目标文本中。

第 7 步：把对应字符组合到 targe 后清空 s，转到第（5）步。

11.3 算法设计

11.3.1 存储空间

根据藏文构件部位的不同，构造相对应的前加字、基字、元音以及后加字等与数字字符对照的存储字典（dict）：

```
tibtBase_num = {}
tibtFront_num = {}
tibtVowelrear_num = {}
```

```
num_tibtBase = {}
num_tibtFront = {}
num_tibtVowelrer = {}
```

11.3.2 流程图

1. 编码流程图

藏文字符转数字的编码流程如图 11-3 所示。

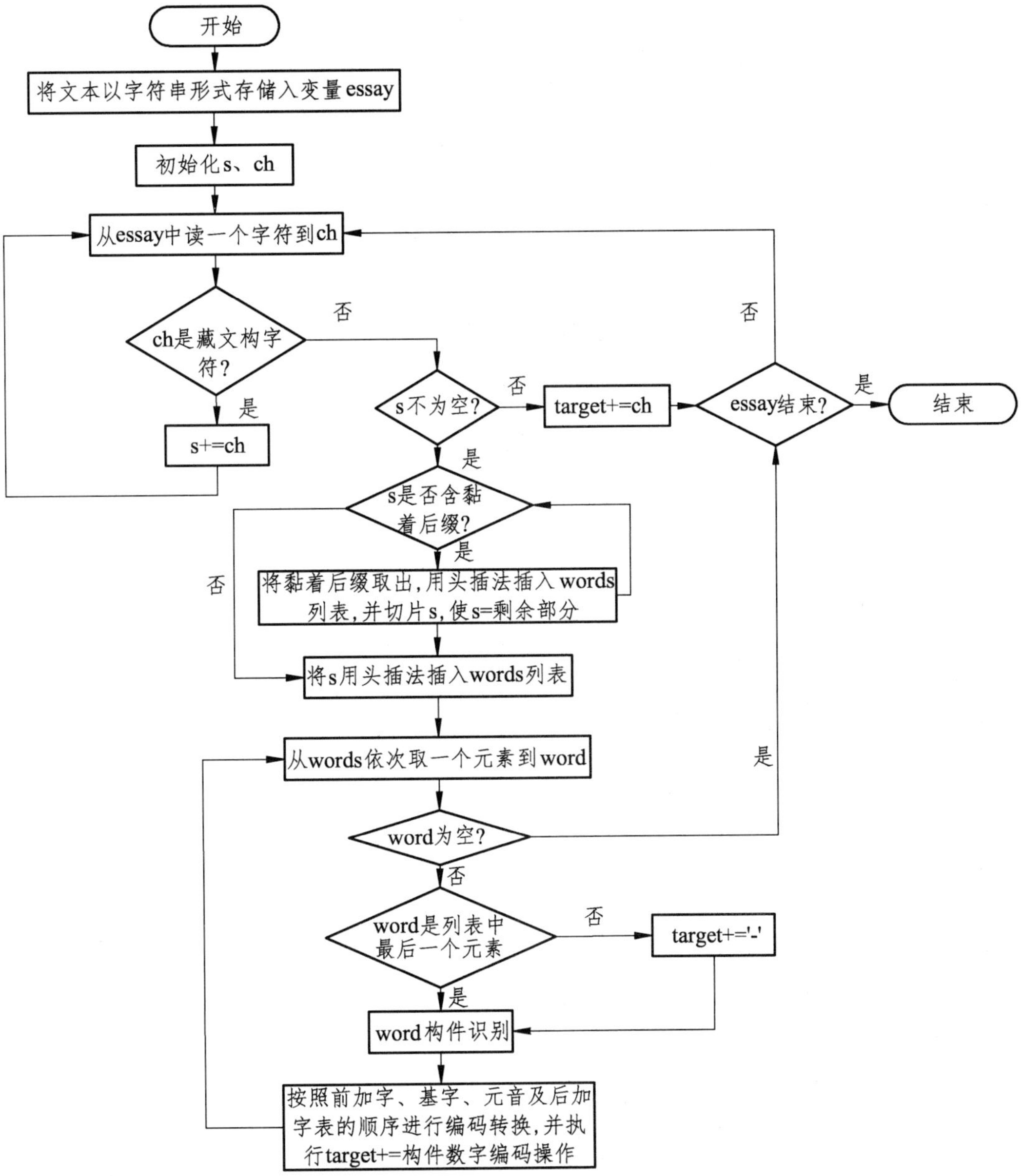

图 11-3 藏文编码函数流程图

2. 解码流程图

数字转回藏文字符的解码流程如图 11-4 所示。

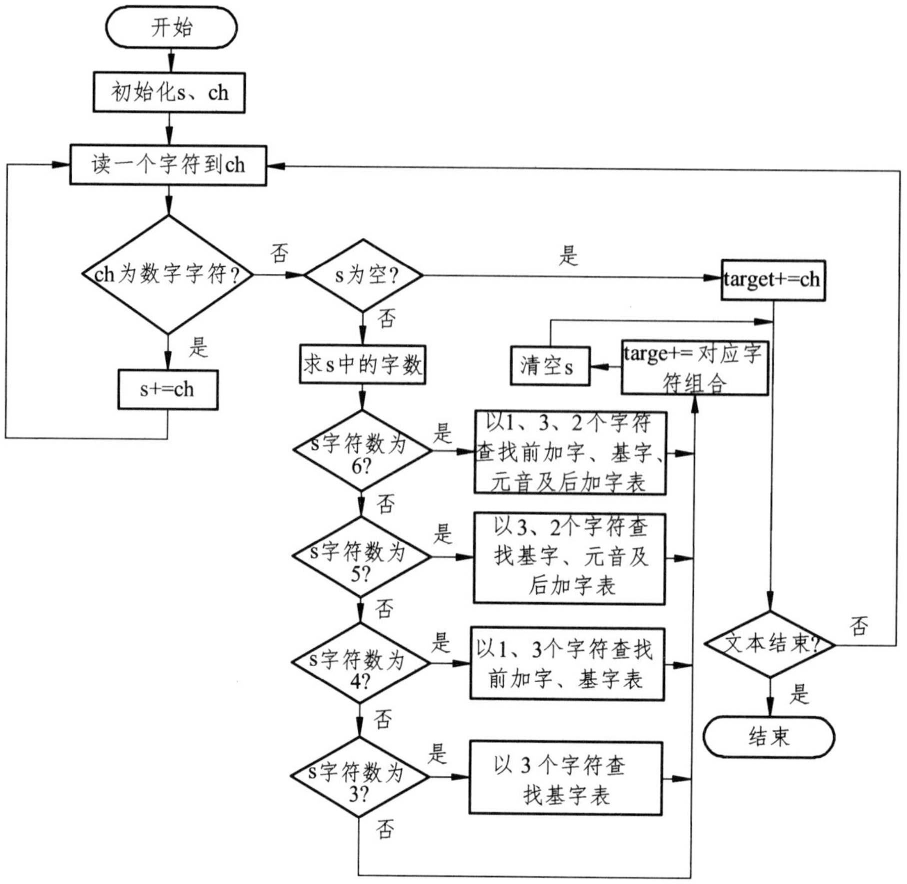

图 11-4　解码函数流程图

11.3.3　伪代码

1. 编码

对藏文字符进行编码，转换为数字的伪代码如下：

```
def Tibetan2Num_Traverse():
    将隔音符替换为空格
    将单锤符替换为'.'
    初始化 s、target（展示文本）为空
    for i, ch in enumerate(essay):
        # 如果是藏字且不是分隔符，与之前的字符构成字符串
        if ('\u0F00' <= ch <= '\u0FDA' and ch not in split_char):
            s += ch
            continue
        # ch 不是组成藏字的字符，对 s 进行编码，再将 ch 放入 target
        elif s != '':
            # words 中的每个元素为一个藏文音节单位（黏着拆开放入）
            words = []
            # 先判断是否有黏着词后缀，如果有，不断将其拆分出去
```

```
            while (True):
                is_adhere = False
                for adhere in adhering:
                    if s.endswith(adhere):
                        is_adhere = True
                        # 找到拆分位置，便于拆分和对 s 切片
                        sep = s.rfind(adhere)
                        words.insert(0,s[sep:])
                        s = s[:sep]
                if (is_adhere == False): break
            words.insert(0, s)
            for word in words:
                Tibetan2Num1(word)
                # 黏着词不同部分编码间用'-'连接
                if(word!=words[-1]): target += '-'
            target += ch
            s = ''
        # ch 为非藏文字符，加入 target 之后
        else: target += ch
```

2. 解码

对数字进行解码，转回藏文的伪代码如下：

```
def Num2Tibetan_Traverse():
    初始化 s、target（展示文本）为空
    for i, ch in enumerate(essay):
        # 如果 ch 是数字或者'-'，说明是经过编码的文本
        if (ch.isdigit()):
            s += ch
            continue
        # ch 不是我们编码的文本，对 s 进行解码，再将 ch 放入 target 中
        elif s != '':
            #数字（如日期等）和数字编码粘连导致编码长度异常时，不解码
            if(Num2Tibetan(s)==False): target+=s
            s = ''
            target += ch
        # ch 为非藏文字符，加入 target 之后
        else: target += ch
    将空格换回为分隔符
    将'.'换回为单锤符
    # 利用正则保留原文本中可能存在的 '-'，删除掉处理黏着词多加的 '-'
    去除 '藏文字符 1-藏文字符 2' 即两个藏文字符（除去藏文分隔符）间的 '-'
```

11.4 程序实现

（1）新建一个项目，在项目中新建一个名为“SplitComponent.py”的文件，写入拆分藏字构件的代码。拆分藏字构件的代码同第 7 章的“SplitComponent.py”代码，这里直接引用。

（2）在项目中新增一个名为“main.py”的文件作为程序的入口。

① 导入所需包，初始化表以及全局变量：

```
# -*- coding: UTF-8 -*-
import tkinter as tk
from tkinter import filedialog, messagebox, ttk, scrolledtext, Frame
import tkinter.font as tkFont
import os
from ttkbootstrap import Style
from SplitComponent import Split_component
import re

essay = ''
target = ''
adhering = ['འི', 'འུ', 'འོ', 'འང']
# 分隔符
split_char = ['ༀ', '༁', '༂', '༃', '༄', '༅', '༆', '༇', '༈', '༉',
              '་', '༌', '།', '༎', '༏', '༐', '༑', '༒', '༓', '༔', '༕',
              '༖', '༗', '༘', '༙', '༚', '༛', '༜', '༝', '༞', '༟',
              '༠', '༡', '༢', '༣', '༤', '༥', '༦', '༧', '༨', '༩', '༪',
              '༫', '༬', '༭', '༮', '༯', '༰', '༱', '༲', '༳', '༴', '༵',
              '༶', '༷', '༸', '༹', '༺', '༻', '༼', '༽', '༾', '༿', '྾', '྿',
              '࿀', '࿁', '࿂', '࿃', '࿄', '࿅', '࿆', '࿇', '࿈', '࿉', '࿊',
              '࿋', '࿌', '࿎', '࿏', '࿐', '࿑', '࿒', '࿓', '࿔', ' ', ' ',
              ' ', ' ', '࿙', '࿚']

tibtBase_num = {}
tibtFront_num = {}
tibtVowelrear_num = {}
num_tibtBase = {}
num_tibtFront = {}
num_tibtVowelrer = {}
```

② 在 main 函数中编写窗口布局代码：

```
if __name__ == '__main__':
    # 制数字编码表
    Data_process('Table/TibtFront.txt', tibtFront_num, num_tibtFront)
    Data_process('Table/TibtBase.txt', tibtBase_num, num_tibtBase)
    Data_process('Table/TibetVowelrear.txt', tibtVowelrear_num, num_tibtVowelrer)
```

```
style = Style(theme='lumen')
window = style.master
window.title('《藏文数字编码方案》的实现')  # 标题
window.geometry('820x500+600+300')  # 窗口尺寸+窗口初始距离屏幕左上角的位置
# window.resizable(False, False)
# Silver
'''
    窗口含有两个 Frame，一左一右将窗口分为两部分
    fram2：包含所有的按钮控件放在右侧
    fram1：包括除了按钮之外的其他控件
'''
fram1 = Frame(window, relief="sunken")
label = tk.Label(fram1, text='源文件：', font=('黑体', 12))
label.pack(side='top', anchor='nw', pady=10)

text1 = scrolledtext.ScrolledText(fram1, width=50, height=7)
font_text = tkFont.Font(family='Arial', size=16)
text1.configure(font=font_text)
text1.pack(anchor='nw', expand='yes')

label = tk.Label(fram1, text='目标文件：', font=('黑体', 12))
label.pack(anchor='nw', pady=10)

text2 = scrolledtext.ScrolledText(fram1, width=50, height=7)
font_text = tkFont.Font(family='Arial', size=16)
text2.configure(font=font_text)
text2.pack(anchor='nw', expand='yes')
fram1.pack(side='left',anchor='nw',padx='20')

fram2 = Frame(window, relief="sunken")
bt1 = tk.Button(fram2, text='打开文件夹', width=15, height=2, command=open_file)
bt1.pack(anchor='e', padx=20, pady=30, expand='yes')
# bt1.place(x=690, y=20)

bt2 = tk.Button(fram2, text='编码', width=15, height=2, command=Tibetan2Num_Traverse)
bt2.pack(padx=20, pady=25, expand='yes')

bt5 = tk.Button(fram2, text='解码', width=15, height=2, command=Num2Tibetan_Traverse)
bt5.pack(padx=20, pady=25, expand='yes')

bt3 = tk.Button(fram2, text='保存', width=15, height=2, command=save_file)
bt3.pack(padx=20, pady=25, expand='yes')
```

```
        bt4 = tk.Button(fram2, text="退出", width=15, height=2, command=window.destroy)
        bt4.pack(padx=20, pady=25, expand='yes')
        fram2.pack(pady=10, expand='yes')

        window.mainloop()   # 显示
```

设计的主窗口如图 11-5 所示。

图 11-5　主程序窗口

（3）定义一个从 txt 文件中读取对应的构件-数字编码表的函数：

```
# 根据传入的编码表位置 path，生成对应的 tibt_num 和 num_tibt 表
def Data_process(path, tibt_num, num_tibt):
    with open(path, mode='r', encoding='utf-8') as f:
        All = []
        while(True):
            temp = f.readline().strip().split('\t')
            if(temp[0]!=''): All.append(temp)
            else: break
        All.reverse()
        for temp in All:
            tibt_num[temp[0]] = temp[1]
            num_tibt[temp[1]] = temp[0]
```

（4）编写【打开文件】、【保存】、【编码】和【解码】按钮的关联函数。

①【打开文件】按钮的关联函数如下：

```
def open_file():
    global essay
```

```
        filePaths = []
        essay = ''

        text1.delete('1.0', 'end')
        text2.delete('1.0', 'end')
        # 设置打开的默认位置
        files = filedialog.askopenfilename(title=u'选择文件夹', initialdir=(
        os.path.expanduser('S:/Pycharm/installed/WorkPlace_defualt/Master_Work/First_year/Algorithm analysis')),
multiple=True)
        var = window.splitlist(files)
        for f in var: filePaths.append(f)
        print(f'打开文件：{filePaths}')

        for file_path in filePaths:
            if file_path is not None:
                try:
                    with open(file=file_path, mode='r+', encoding='utf-8') as f:
                        essay = f.read()
                        if (len(essay) < 50000):
                            text1.insert('insert', f'{essay}')
                        else:
                            text1.insert('insert', '文本已加载，由于文本数量过多，暂不显示在组件内')

                except Exception as e:
                    print(str(e))
                    messagebox.askokcancel(title='警告', message='文件加载异常，请重新加载文件')
                    text1.insert('insert', f'加载文件异常：{str(e)}，请重新加载文件')
```

②【保存】按钮的关联函数如下：

```
def save_file():
    global file_path
    text_str = text2.get('1.0', 'end')[:-1]
    file_path = filedialog.asksaveasfilename(title=u'保存文件')
    print('保存文件：', file_path)
    if file_path is not None:
        with open(file=file_path, mode='w', encoding='utf-8') as f:
            f.write(text_str)
        result = messagebox.askokcancel(title='提示', message='文件已保存')
        if (result):
            print('保存完成')
        else:
            print('保存失败')
```

③ 【编码】按钮的关联函数，以及关联函数调用的相关函数（藏文转数字编码）如下：

```
def Tibetan2Num_Traverse():
    global target
    target = ''
    global essay
    '''
     常用的编程和网页创建的不换行空格 NBSP（ ），与普通的空格有所区别。
     NBSP 的 unicode 值为 160，普通空格的 unicode 值为 32。

     利用这个特点可以将文本中的原空格保留，将音节符替换为另一种空格，使得编码解码
     文本后尽可能保留原文本格式。
    '''
    # 编码文本中的空格是普通空格，在下一行代码的第二个参数中填入 NBSP 空格
    # 编码文本中的空格是 NBSP 空格，在下一行代码的第二个参数中填入普通空格
    essay = essay.replace('་', ' ')
    essay = essay.replace('།', '.')
    s = ''
    for i, ch in enumerate(essay):
        # 如果是藏字且不是分隔符，与之前的字符构成字符串
        if ('\u0F00' <= ch <= '\u0FDA' and ch not in split_char):
            s += ch
            continue
        # ch 不是组成藏字的字符，对 s 进行编码，再将 ch 放入 target
        elif s != '':
            # words 中的每个元素为一个藏文音节单位（黏着拆开放入）
            words = []
            # 判断是否含有黏着词后缀，如果有，不断将其拆分出去
            while (True):
                is_adhere = False
                for adhere in adhering:
                    if s.endswith(adhere):
                        is_adhere = True
                        # 找到拆分位置，便于拆分和对 s 切片
                        sep = s.rfind(adhere)
                        words.insert(0,s[sep:])
                        s = s[:sep]
                if (is_adhere == False): break
            words.insert(0, s)

            for word in words:
                Tibetan2Num1(word)
                # 黏着词不同部分编码间用'-'连接
                if(word!=words[-1]): target += '-'
```

```
            target += ch
            s = ''
        # ch 为非藏文字符，加入 target 之后
        else:
            target += ch

    text2.insert('insert', target)

def Tibetan2Num1(Tibetan):
    # word：[ 1 前、2 上、3 基、4 下、5 再下、6 元、7 后、8 再后 ]
    global target
    Component = Split_component()
    word = Component.Split(Tibetan) # 拆分构件

    # 取出藏字与编码对应的构件部分进行组合，根据组合进行数字编码
    front = word[1]
    base = word[2] + word[3] + word[4] + word[5]
    vowel_rear = word[6] + word[7] + word[8]

    if front!='': Tibetan2Num2(front, tibtFront_num)
    if base!='': Tibetan2Num2(base, tibtBase_num)
    if vowel_rear!='': Tibetan2Num2(vowel_rear, tibtVowelrear_num)

def Tibetan2Num2(compo, di):
    global target

    aim = di.get(compo, False)
    if(aim!=False): target += aim
    else: target += compo
```

④ 【解码】按钮的关联函数，以及关联函数调用的相关函数（数字编码转藏文）如下：

```
def Num2Tibetan_Traverse():
    global target
    global essay
    target = ''
    s = ''
    for i, ch in enumerate(essay):
        # 如果 ch 是数字则说明是经过我们编码的文本
        if (ch.isdigit()):
            s += ch
            continue
        # ch 不是我们编码的文本，对 s 进行解码，再将 ch 放入 target 中
        elif s != '':
```

```
                # 数字（如日期等）和数字编码粘连导致编码长度异常时，不解码
                if(Num2Tibetan(s)==False): target+=s
                s = ''
                target += ch
            # ch 为非藏文字符，加入 target 之后
            else: target += ch

    # 取决于之前将分隔符是否替换为了 NBSR 空格，如果替换成的是 NBSP 空格，请将代码的第一个
参数设置为 NBSP 空格
    target = target.replace(' ', '་') # 将空格换回为分隔符
    target = target.replace('.', '།') # 将'.'换回为单锤符
    # 利用正则保留原文本中可能存在的 '-'，而忽略掉处理黏着词多加的 '-'
    # 下行代码：仅去除 '藏文字符 1-藏文字符 2' 即两个藏文字符（除去藏文分隔符）间的 '-'
    target = re.sub(r'(?<=[\u0F40-\u0FBC])(-{1})(?=[\u0F40-\u0FBC])', '', target)

    text2.insert('insert', target)

def Num2Tibetan(num_str):
    global target

    assert num_str.isdigit() # 如果编码中出现非数字编码，报错
    str_len = len(num_str)
    if(str_len>6 or str_len<3): return False

    if(str_len==3):
        target += num_tibtBase[num_str]
    elif(str_len==4):
        target += num_tibtFront[num_str[0]]
        target += num_tibtBase[num_str[1:]]
    elif(str_len==5):
        target += num_tibtBase[num_str[:3]]
        target += num_tibtVowelrer[num_str[3:]]
    elif(str_len==6):
        target += num_tibtFront[num_str[0]]
        target += num_tibtBase[num_str[1:4]]
        target += num_tibtVowelrer[num_str[4:]]
```

11.5 运行结果

11.5.1 运行结果

（1）编码结果如图 11-6 所示。

图 11-6　运行结果

（2）解码结果如图 11-7 所示。

图 11-7　运行结果

11.5.2 讨论

该算法在分析《藏字数字编码方案》的基础上，对原方案进行修改，基本上实现了藏文字符的数字编码、解码功能。分析编码、解码结果后发现：

（1）原藏文文本中有数字（如日期等）时，在编码时不处理原数字字符，解码时如果数字字符位数小于 3 或者大于 6 时不进行解码，但如果原藏文文本中的数字字符与编码后的数字编码组成的字符位数在 3 ~ 6，算法会将其解码为错误的藏文字符。

（2）本算法读取一个藏文音节，对音节构件进行分析查找对应的码表进行编码，但如果藏文文本中有错误的音节，会导致识别构件出错从而无法编码。

（3）目前的数字编码方案仍不完整。本算法中，如果构件组合在编码表中无法查询到相应转换方案，会将其构件组合显示在文本框中，方便读者查找原文本的音节错误并进行相应处理。

11.6 算法分析

11.6.1 时间复杂度分析

1. 编码的时间复杂度

待处理的文本长度为 n 个字符，藏文编码时以藏文音节为单位进行处理，读取 n 个字符，以 8 个字符（考虑再下加字，拆分构件时需 8 位）为一个音节，则有 $n/8$ 个音节。对类似“ཧེཏུའི”的黏着词会判断 2 次，故运行 $n/8\times2=n/4$ 次，再进行结构识别，调用构件识别的函数 $n/8\times3=3n/8$ 次。一个音节以前加字、基字、藏文元音及其后加字等分成三部分查表，最多分别查 5、103（在原 C++版本[①]基字编码表的基础上增加了一个“ཏྭ103”）和 72 次，即 180 次，总体是 $n/8\times180\approx23n$。如黏着情况把一个音节拆分为一个音节与 2 个黏着词时，查表为 $23n\times3=69n$。总的时间复杂度为：$n+n/4+3n/8+69n$，即 $O(\mathrm{cn})$。

2. 藏文解码时间复杂度

待处理的文本长度为 n 个表示音节的数字，每个音节最多分成前加字、基字、元音及其后加字等部分，分别查对应的表，最多分别查表 5、103 和 72 次，共 180 次，则经 $180n$ 次的查表来转换，即 $O(\mathrm{cn})$。

11.6.2 空间复杂度分析

1. 存储空间

用于存储码表的空间为 $5+103+75=180$ 个单位，即 $O(1)$。

2. 临时空间

文本为 n 个字符，进行转换时原文件占用 n 个空间，转换后的目标文件占 n 个空间，共占 $O(2n)$个空间。

---

① 高定国. 现代藏文字符自动分析——Visual C++实现[M]. 成都：西南交通大学出版社，2022.

第 12 章 藏汉电子词典的设计

12.1 问题描述

电子词典最主要的功能是实现词条的查询。本章设计一款藏汉电子词典，运用分块查找算法实现通过输入藏文词条查找对应的汉文等解释的功能。

12.2 问题分析

12.2.1 理论依据

1. 分块查找

分块查找①是对折半查找和顺序查找的一种改进方法。折半查找虽然具有很好的性能，但其前提条件是线性表顺序存储并按照关键码排序，这一前提条件在元素较多且要求动态变化时难以满足；顺序查找可以解决表元素动态变化的要求，但查找效率很低。如果既要保持线性表查找较快的优点，又要满足表中元素动态变化的要求，则可采用分块查找的方法。

分块查找的速度虽然不及折半查找算法，但比顺序查找算法快得多，同时又不需要对全部结点进行排序。当结点很多且块数很大时，对索引表可以采用折半查找，这样就可以进一步提高查找的速度。

由于分块查找只要求索引表是有序的，对块内结点没有排序要求，因此特别适合于结点动态变化的情况。当结点的个数以及结点的关键码改变时，只需将该结点调整到所在的块即可。在空间复杂性上，分块查找的主要代价是增加了一个辅助数组。

分块查找要求把一个大的线性表分解成若干块，每块中的结点可以任意存放，但块与块之间必须有序。假设块与块之间满足关键码值非递减的排序要求，其实际上就是对于任意的 i，第 i 块中的所有结点的关键码值都必须小于第 i+1 块中的所有结点的关键码值。此外，分块查找时还要建立一个索引表，把每块中的最大关键码值作为索引表的关键码值，按块的顺序存放到一个辅助数组中，显然这个辅助数组中的元素（索引表的关键码值）是按关键码值递减排列的。查找时，先在索引表中进行查找，确定要找的结点所在的块（由于索引表是有序的，索引表的查找可以采用顺序查找或折半查找）；然后在相应的块中采用顺序查找，即可找到对应的结点。

分块查找的步骤如下：

步骤 1：选取各块中的最大关键字构成一个索引表。

步骤 2：先对索引表进行二分查找或顺序查找，以确定待查记录所在的块；然后，在已确定的块中顺序查找元素。

本章所设计的藏汉电子词典要求在“输入框”中输入藏文字符时，在“列表框”中显示以输入字符为前缀的可能的藏文输入词条。经分析，所有藏文字符都是以 30 个藏文辅音字符其中之一开头的，但由于字典中

① Weiss M A. 数据结构与算法分析——C++语言描述[M]. 冯舜玺，译. 4 版，北京：电子工业出版社，2016.

可能还有部分梵音藏字，可以根据情况另外增加字符，数据中多了一个“ཊ”。需要用 31 个藏文辅音字符作为索引表值，把所有的词条分成 31 块，再通过当前输入词条的第一个字符索引到该字符作为开头的块中进行查找，所以藏汉词典适合用分块查找。

2. Listbox（列表框）控件[①]

为了满足当“输入框”中输入藏文字符时，能在“列表框”中显示以该字符作为前缀的可能的藏文输入词条，这里选择“Listbox()”作为“列表框”。

Listbox()的第一个参数是父对象，表示这个列表框将建立在哪一个父对象内。Listbox()的基本操作有：

1）建立列表框项目 insert

格式为：insert(index, elements)。其中，参数 index 为项目插入位置，如果是插在最后面可以使用 END。

2）删除列表框项目 delete()

如果 delete()方法内包含一个参数，表示删除这个索引项。

3）传回所选取的项目索引 curselection()

此方法能够传回所选取项目的索引值。

4）获取指定索引项的数据 get()

如果 get()方法内含一个参数，表示传回这个索引项对应的元素内容。

5）Listbox 与事件绑定

当 Listbox 执行选取操作时会产生<<ListboxSelect>>虚拟事件，可以由此设置事件处理程序。例如：lstext.bind('<<ListboxSelect>>', Display_info)，Display_info 是绑定的触发函数。

12.2.2 算法思想

1. 分块查找算法的思想

（1）选取各块中的最大关键字构成一个索引表。

（2）查找分两步：先对索引表进行二分查找或顺序查找，以确定待查记录所在的块；然后在已确定的块中顺序查找元素。

算法是将 n 个数据元素“按块有序”划分为 m 块（$m \leqslant n$），每一块中的结点不必有序，但块与块之间必须“按块有序”，每个块内的最大元素小于下一块的所有元素。所以，在查找一个给定的 key 值位置时，算法会先去索引表中利用顺序查找或者二分查找来找出 key 所在块的索引开始位置，然后再根据所在块的索引开始位置查找 key 所在的具体位置。

2. 分块查找在藏汉词典中的应用

按照以上理论设计词典中分块查找算法，设计思想如下：

（1）按照“分块查找”的需求建立藏汉词典，设计时以输入待查的藏文词条的第一个辅音作为索引表值，把所有藏汉词条按照第一个藏文辅音字符分成 31 块（包括一个梵音藏字“ཊ”）。程序初始化时读入该词典。

（2）建立分块查找的索引表。

（3）输入藏文词条时，用词条的第一个藏文字符查找索引表，按索引表找到对应的块。

（4）块内顺序查找该藏文词条。

（5）显示查找结果。

① 洪锦魁. Python GUI 设计——tkinter 菜鸟编程[M]. 北京：清华大学出版社，2019.

12.3 算法设计

12.3.1 存储空间

1. 存储藏文词条的列表

存储空间主要用来存放藏文（词条）及其卫星数据（汉文及解释部分），列表初始化如下：

```
dictionary_info = [[] for i in range(31)] # 初始化字典信息列表：31 个块，每个块中有 n 个列表，列表形式为[藏文，卫星数据]
```

2. 定义首字符对应字典（dict）的块索引

```
# 令每一个辅音元素对应一个块
block_di = {'ཀ་': 0, 'ཁ་': 1, 'ག་': 2, 'ང་': 3, 'ཅ་': 4, 'ཆ་': 5, 'ཇ་': 6, 'ཉ་': 7, 'ཏ་': 8, 'ཐ་': 9, 'ད་': 10, 'ན་': 11,'པ་': 12, 'ཕ་': 13, 'བ་': 14, 'མ་': 15, 'ཙ་': 16, 'ཚ་': 17, 'ཛ་': 18, 'ཝ་': 19, 'ཞ་': 20, 'ཟ་': 21, 'འ་': 22,'ཡ་': 23, 'ར་': 24, 'ལ་': 25, 'ཤ་': 26, 'ས་': 27, 'ཧ་': 28, 'ཨ་': 29, 'ཊ་': 30}
```

12.3.2 流程图

主函数流程如图 12-1 所示。

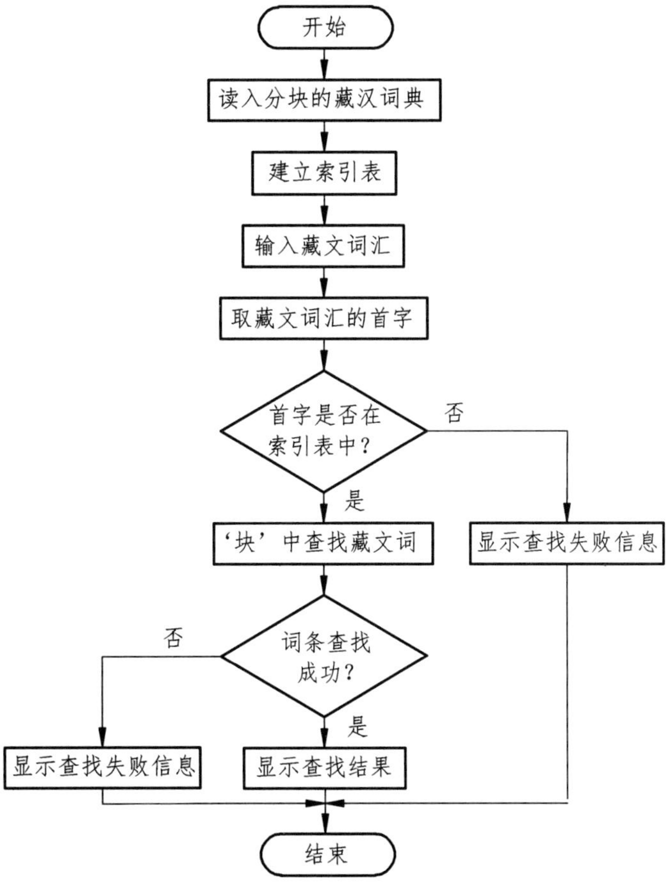

图 12-1 主函数流程图

12.3.3 伪代码

1. 建立索引表的伪代码

```
def Create(self, dictionary_path, dictionary_blocks):
        global dictionary_info
        global block_di
        打开字典文件:
            while(True):
                按行以及'\t'分隔读取数据，如果读到末尾，则跳出循环。
                dictionary_info.append(temp_str)
        for info in dictionary_info:
            first_char = info[0][0]
            #转换为非叠加辅音后添加入 dictionary_info 列表
            if('\u0F90'<=first_char<='\u0FB8'):
            else: dictionary_blocks[block_di[first_char]].append(info)
```

2. 分块查找算法的伪代码

```
def Search_info():
    num = 0
    fin = False
    for info in dictionary_info[block_id]:
        如果列表中有某个字符串包括这个输入的前缀
            向列表框中添加此元素
            num += 1
            fin = True
        if(num>=10): break # 最多显示 10 条数据
    if(fin==False):
            text_display.insert('insert', f'未查找到对应词条信息')
```

12.4 程序实现

12.4.1 代码

（1）新建一个项目，在项目中新建一个名为“process_blocks.py”的文件，写入藏文字典所有词条分块的代码：

```
# -*- coding: UTF-8 -*-
# 存放未分块前的藏文信息
dictionary_info = []
# 令每一个辅音元素对应一个块
block_di = {'ཀ': 0, 'ཁ': 1, 'ག': 2, 'ང': 3, 'ཅ': 4, 'ཆ': 5, 'ཇ': 6, 'ཉ': 7, 'ཏ': 8, 'ཐ': 9, 'ད': 10, 'ན': 11,'པ': 12, 'ཕ': 13, 'བ': 14, 'མ': 15, 'ཙ': 16, 'ཚ': 17, 'ཛ': 18, 'ཝ': 19, 'ཞ': 20, 'ཟ': 21, 'འ': 22,'ཡ': 23, 'ར': 24, 'ལ': 25, 'ཤ': 26, 'ས': 27, 'ཧ': 28, 'ཨ': 29, 'ཊ': 30}
```

```
class Create_blocks:
    # 返回 unicode 编码对应的藏文字符
    def int2uni(self, num):
        return ('\\u{:0>4x}'.format(num)).encode().decode('unicode_escape')

    def Create(self, dictionary_path, dictionary_blocks):
        global dictionary_info
        global block_di
        with open(dictionary_path, mode='r', encoding='utf-16') as f:
            while(True):
                temp_str = f.readline().strip('\n').split('\t')
                if(temp_str==None or temp_str[0]==''):
                    break
                dictionary_info.append(temp_str)

        for info in dictionary_info:
            first_char = info[0][0]
            if ('\u0F90' <= first_char <= '\u0FB8'): dictionary_blocks[block_di[self.int2uni(ord(first_char) -
80)]].append(info)
            else: dictionary_blocks[block_di[first_char]].append(info)
```

（2）在项目中新建一个名为“main.py”的文件，作为整个项目的入口，其中添加如下代码：

① 导入所需包，初始化表以及全局变量：

```
import tkinter.font as tkFont
from tkinter import messagebox

from ttkbootstrap import Style
from process_blocks import Create_blocks
from process_blocks import block_di   # 存储在 process_blocks.py 中的每个辅音字符对应的块的索引

dictionary_info = [[] for i in range(31)] # 初始化字典信息列表：31 个块，每个块中有 n 个列表，列表形式
为[藏文, 卫星数据]
```

② 在 main 函数中编写窗口布局代码：

```
    create_blocks = Create_blocks()
    create_blocks.Create('藏汉词典.txt', dictionary_info)

    style = Style(theme='lumen')
    window = style.master
    window.title('藏汉电子词典的设计')  # 标题
    window.geometry('820x500+600+300')  # 窗口尺寸+窗口初始距离屏幕左上角的位置
    # window.resizable(False, False)
```

```
# Silver
'''
    窗口含有三个 Frame，从上到下依次为：
    Frame1：包括一个标签
    Frame2：包括一个示例编辑框和两个按钮
    Frame3：包括一个 Listbox 和一个展示用的 Text 控件
'''
fram1 = Frame(window, relief="sunken")
label = tk.Label(fram1, text='请在该框输入待查的藏文词：', font=('黑体', 12))
label.pack(side='top', anchor='nw', pady=15)
fram1.pack(side='top',anchor='nw',padx=20)

fram2 = Frame(window, relief="sunken")
# 通过 searchTibetan 变量存储文本，使用 searchTibetan.get() 获取文本
searchTibetan = tk.StringVar()
text1 = tk.Entry(fram2, width=37, textvariable=searchTibetan)
font_text = tkFont.Font(family='Arial', size=20)
text1.configure(font=font_text)
text1.pack(anchor='nw', side='left', expand='yes')

bt1 = tk.Button(fram2, text='查找', width=12, height=2, font=('黑体', 11), command=Search_info)
bt1.pack(padx=5, side='left',expand='yes')

bt2 = tk.Button(fram2, text='退出', width=12, height=2, font=('黑体', 11), command=window.destroy)
bt2.pack(side='left',expand='yes')

fram2.pack(side='top', anchor='nw', padx=20,expand='yes')

fram3 = Frame(window, relief="sunken")
lstext = Listbox(fram3, width=15)
lstext.configure(font=font_text)
lstext.bind('<<ListboxSelect>>', Display_info) # 绑定事件，激发事件是单击列表框中的项目
lstext.pack(side='left', anchor='w', fill='y')

text_display = Text(fram3, width=45)
text_display.configure(font=font_text)
text_display.pack(padx=5, fill='y')

fram3.pack(side='top', anchor='nw',padx=20, pady=10,expand='yes')

window.mainloop()  # 显示
```

设计的对话框窗口如图 12-2 所示。

图 12-2　设计的程序对话框

（3）添加【查找】按钮的关联函数：

```
def Search_info():
    lstext.delete(0, END)
    search_str = searchTibetan.get() # 获取输入的数据
    try:
        block_id = block_di[search_str[0]]
    except Exception as e:
        print(e)
        messagebox.askokcancel(title='警告', message='输入信息有误，请重新输入')
        text1.delete(0, END)

    num = 0
    fin = False
    for info in dictionary_info[block_id]:
        if(info[0].find(search_str)==0):
            lstext.insert(END, info[0])
            num += 1
            fin = True
        if(num>=10): break # 最多显示 10 条数据

    if(fin==False):
        text_display.insert('insert', f'未查找到对应词条信息')
```

```
def Display_info(event): #  列出所选单一项目
    text_display.delete('1.0', 'end')
    obj = event.widget   #  取得事件的对象
    index = obj.curselection()   #  取得索引
    strr = obj.get(index) #  取得索引所对应的数据的值

    first = strr[0]
    if ('\u0F90' <= first <= '\u0FB8'): first = create_blocks.int2uni(ord(first)-80)

    for info in dictionary_info[block_di[first]]:
        if(info[0]==strr):
            text_display.insert('insert', f'{info[0]}\n{info[1]}')
```

12.4.2 代码使用说明

在 main 函数中更改导入词典的路径：

```
create_blocks = Create_blocks() #  为类创造实例
create_blocks.Create('藏汉词典.txt', dictionary_info)
```

12.5 运行结果

（1）运行程序，在“输入框”中输入藏文词条，点击【查找】按钮，以该词条作为前缀的最多 10 个词条显示在左边的列表框中，如图 12-3 所示。

图 12-3 点击“查找”按钮的结果

（2）输入完藏文词条，点击【查找】按钮，在左侧的列表框中单击要显示的词条，即可在右侧文本框中显示对应的卫星数据，如图 12-4 所示。

图 12-4 点击列表框元素后的结果

12.6 算法分析

12.6.1 时间复杂度分析

分析查找过程，按照 key 的首字符在索引表中顺序查找，时间复杂度为 $O(m)$，然后在待查词条所在块的位置开始按顺序查找，时间复杂度为 $O(n/m)$，m 为分块的数量，n 为总元素的数量，n/m 就是每块内元素的数量。

最好情况：m 块中均匀分散 n/m 个数据，则查找一个数据的最好时间复杂度为 $O(m+n/m)$。

最坏情况：m 块中 $m-1$ 块为空，n 个数据都分散在一个块中，则查找一个数据的最坏时间复杂度为 $O(m+n)$。

平均情况：m 块中比较均匀分散约 n/m 个数据，则查找一个数据的平均时间复杂度为 $O(m+n/m)$，一般 $m<< n/m$，则时间为 $O(n/m)$。

12.6.2 空间复杂度分析

1. 数据存储空间

程序主要存储藏汉词典时，定义了有 n 个子列表的列表，每个行列表中有两个字符串元素，分别用于存储藏文词条和对应的汉文及解释。本实验中 n 是词条的总数（25 241），故程序的数据存储空间为 $O(n)$。

2. 辅助存储空间

程序定义了一个字典，用来存储字符与块索引的对应关系，故辅助空间复杂度为 $O(1)$。

第 4 篇 ╱藏文字符统计

》》》》》》》

第 13 章 全藏字字符构件静态统计

13.1 问题描述

藏字是拼音型文字，由 1~7 个不同数量的构件字符通过横向与纵向叠加组合而成。藏文文法对每个位置上的构件有严格的限制，每个构件构成藏字的能力不一样，所以每个构件在藏文字符中出现的频率也不一样。

按照藏文文法规则，对固定样本的统计称为“静态统计”，而以大量的真实藏文文本语料库为样本进行的统计称为“动态统计”。本章以生成的 18 785 个现代藏字全集为统计样本，统计藏字各个位置上每个构件出现的次数，并对统计数据进行分析，从而揭示出全藏字的结构和每个构件的构字能力。

13.2 问题分析

13.2.1 理论依据

现代藏字传统上认为由 30 个辅音字母和 4 个元音拼写组合而成，但根据各构件出现的位置，分别命名为前加字（5 个）、上加字（3 个）、基字（30 个）、下加字（4 个）、再下加字（1 个）、元音符号（4 个）、后加字（10 个）、再后加字（2 个）八个构件。藏文文法不仅对藏字不同位置上的构件有严格的限制，而且每个构成之间也有很强的相互制约作用，每个构件出现的频度也不同。

要统计每个构件的出现次数，首先要识别每个藏字的各个构件；其次就要定义一个列表体，作为每个构件与构件出现次数的计数器，初始化时每个构件的计数器归零；然后通过算法对出现的构件对应的计数器进行累加；最后输出各构件及对应的计数器的值。

13.2.2 算法思想

按照以上的理论分析，算法设计思想如下：

（1）藏文构件统计首先要识别藏字的构件，构件与藏文音节字作为一个整体，调用构件识别程序的结果。

（2）藏字的每个构件与其出现的次数也需要作为一个整体，故定义一个列表存储对应位置上的字典类构件数据，其中字典类构件数据关键字为构件，对应数据为该构件出现的次数。

（3）初始化每个构件及计数器。

（4）针对每个现代藏字，根据相应的构件对其计数器进行累加。

（5）输出排序结果。

13.3 算法设计

13.3.1 存储空间

定义一个 out_list 列表，用于存储构件和对应的频次。

```
out_list = [dict() for _ in range(8)]
```

13.3.2 流程图

主函数流程如图 13-1 所示。

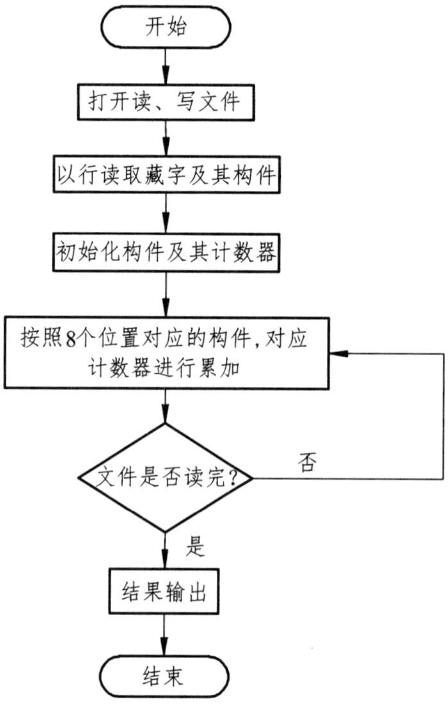

图 13-1 主函数流程图

13.3.3 伪代码

主程序伪代码：

```
out_list = [dict() for _ in range(8)] # 创建列表储存构件计数器，分别有'前加字', '上加字', '基字','下加字', '元音', '再下加字', '后加字', '再后加字'
xl_path = r'Classified.xls'# 读拆分构件的文件
with xlrd.open_workbook(xl_path) as file:
    table = file.sheets()[0]
    for i in range(1, table.nrows):# 从第 1 行开始读取藏文音节的构件信息统计构件。
        row_values = table.row_values(i)
        for j in range(1, 9):
            if row_values[j] == '':
                row_values[j] = '0'   # 若对应构件为空则将其赋值'0'
            row_values[j] = trans_normal_word(row_values[j])   # 还原叠加藏字构件为非叠加藏字编码
            try:
                out_list[j - 1][row_values[j]] = out_list[j - 1][row_values[j]] + 1 #找到构件其对应计数器加 1
            except KeyError:
                out_list[j - 1].update({row_values[j]: 1}) #第一次出现的构件则创建新的计数器
```

13.4 程序实现

13.4.1 代码

（1）新建一个项目。

（2）在项目中新建一个名为“experience13.py”的文件，其中添加如下代码：

① 导入库模块：

```
import xlrd
import xlwt
```

② 藏文叠加字符编码转化为藏文非叠加字符编码：

```
def trans_normal_word(char):
    temp_num = ord(char)
    if temp_num >= 0xF90:
        temp_num -= (0xF90 - 0xF40)
        return chr(temp_num)
    return char
```

③ 构件计数：

```
out_list = [dict() for _ in range(8)]

xl_path = r'Classified.xls'
with xlrd.open_workbook(xl_path) as file:
    table = file.sheets()[0]
    for i in range(1, table.nrows):
        row_values = table.row_values(i)
        for j in range(1, 9):
            if row_values[j] == '':
                row_values[j] = '0'
            row_values[j] = trans_normal_word(row_values[j])
            try:
                out_list[j - 1][row_values[j]] = out_list[j - 1][row_values[j]] + 1
            except KeyError:
                out_list[j - 1].update({row_values[j]: 1})
```

④ 构件分析，保存：

```
sheet_name = ['前加字统计', '上加字统计', '基字统计', '下加字统计', '再下加字统计', '元音统计', '后加字统
计', '再后加字统计']
file = xlwt.Workbook(encoding='utf-8')
for i, temp in enumerate(out_list):
    worksheet = file.add_sheet(f"{sheet_name[i]}")
    worksheet.write(0, 0, '构建')
    worksheet.write(0, 1, '个数')
    worksheet.write(0, 2, '占比')
    for j, char in enumerate(temp):
        worksheet.write(1 + j, 0, f'{char}')
```

```
            worksheet.write(1 + j, 1, f'{temp[char]}')
            worksheet.write(1 + j, 2, '{:.2f}%'.format((temp[char] / sum(temp.values())) * 100))

    all_word_num = 0
    for i, single_dict in enumerate(out_list):
        if i == 5:
            continue
        for temp in single_dict:
            if temp == '0':
                continue
            all_word_num += single_dict[temp]
    worksheet = file.add_sheet("构件中各辅音字符出现的次数")
    list_name = ['序号', '辅音字符', '基字', '前加字', '上加字', '下加字', '再下加字', '后加字', '再后加字', '合计', '占
比']
    for i, char in enumerate(list_name):
        worksheet.write(0, i, char)
    order_list = [2, 0, 1, 3, 4, 6, 7]
    for i, temp in enumerate(out_list[2]):
        single_word_num = 0
        worksheet.write(i + 1, 0, i)
        worksheet.write(i + 1, 1, temp)
        for j, num in enumerate(order_list):
            try:
                single_word_num += out_list[num][temp]
                worksheet.write(i + 1, j + 2, out_list[num][temp])
            except KeyError:
                pass
        worksheet.write(i + 1, 9, single_word_num)
        worksheet.write(i + 1, 10, '{:.2f}%'.format((single_word_num / all_word_num) * 100))
    xl_out_path = r'experiment13.xls'
    file.save(xl_out_path)
```

13.4.2 代码使用说明

程序运行时，按照自己计算机中读写文件的地址修改下列代码：

```
xl_path = r'Classified.xls'
xl_out_path = r'experiment13.xls'
```

13.5 运行结果

按照以上程序，将 18 785 个现代藏字进行了过识别构件，对各构件出现的次数统计分析如下：

1. 各前加字出现的次数

以 18 785 个全藏字为统计样本，统计的各前加字出现的次数如表 13-1 所示。从表 13-1 可以看出，有前加字的藏字约占一半，其中前加字“བ”的构字能力最强，又约占有前加字的一半。

表 13-1 构件中各前加字出现的次数

序号	前加字符	次数	占比
1	ག	934	4.97%
2	ད	1 271	6.77%
3	བ	3 824	20.36%
4	མ	1 272	6.77%
5	འ	1 613	8.59%
6	0	9 871	52.55%

2. 各上加字出现的次数

以 18 785 个全藏字为统计样本统计的各上加字出现的次数如表 13-2 所示。从表 13-2 可以看出，有上加字的藏字占近 1/3，其中上加字“ས”的构字能力最强，又约占有上加字的一半。

表 13-2 构件中各上加字出现的次数

序号	上加字	次数	占比
1	ར	2 380	12.67%
2	ལ	1 020	5.43%
3	ས	2 890	15.38%
4	0	12 495	66.52%

3. 各基字出现的次数

以 18 785 个全藏字为统计样本统计的各基字出现的次数如表 13-3 所示。从表 13-3 可以看出，基字是每个藏字必不可缺少的构件，但各基字的构字能力不一致，其中基字“ག”的构字能力最强，占 14.01%，约是构字能力最弱“འ”的 30 倍。

表 13-3 构件中各基字出现的次数

序号	基字	次数	占比	序号	基字	次数	占比
1	ཀ	2 040	10.86%	16	མ	767	4.08%
2	ཁ	850	4.52%	17	ཙ	680	3.62%
3	ག	2 632	14.01%	18	ཚ	340	1.81%
4	ང	678	3.61%	19	ཛ	425	2.26%
5	ཅ	340	1.81%	20	ཝ	85	0.45%
6	ཆ	255	1.36%	21	ཞ	340	1.81%
7	ཇ	510	2.71%	22	ཟ	510	2.71%
8	ཉ	680	3.62%	23	འ	87	0.46%
9	ཏ	765	4.07%	24	ཡ	170	0.90%
10	ཐ	340	1.81%	25	ར	255	1.36%
11	ད	1 109	5.90%	26	ལ	170	0.90%

续表

序号	基字	次数	占比	序号	基字	次数	占比
12	ན	678	3.61%	27	ཤ	340	1.81%
13	པ	850	4.52%	28	ས	595	3.17%
14	ཕ	595	3.17%	29	ཧ	340	1.81%
15	བ	1 274	6.78%	30	ཨ	85	0.45%

4. 各下加字出现的次数

以 18 785 个全藏字为统计样本统计的各下加字出现的次数如表 13-4 所示。从表 13-4 可以看出，有下加字的藏字约占全藏字的 40%，其中下加字“◌ྲ”“◌ྱ”的构字能力较强。

表 13-4 构件中各下加字出现的次数

序号	下加字	次数	占比
1	◌ྭ	1 105	5.88%
2	◌ྱ	2 805	14.93%
3	◌ྲ	2 890	15.38%
4	◌ླ	850	4.52%
5	0	11 135	59.28%

5. 各再下加字出现的次数

以 18 785 个全藏字为统计样本统计的再下加字出现的次数如表 13-5 所示。从表 13-5 可以看出，有再下加字的藏字仅占全藏字的 0.90%，不到 1%。

表 13-5 构件中再下加字出现的次数

序号	再下加字	次数	占比
1	◌ྭ	170	0.90%
2	0	18615	99.10%

6. 各元音出现的次数

以 18 785 个全藏字为统计样本统计的各元音出现的次数如表 13-6 所示。从表 13-6 可以看出，各元音构字的能力一样，这是由于藏文文法没有限制元音添加。

表 13-6 构件中各元音出现的次数

序号	元音	次数	占比
1	◌ི	3 757	20.00%
2	◌ུ	3 757	20.00%
3	◌ེ	3 757	20.00%
4	◌ོ	3 757	20.00%
5	0	3 757	20.00%

7. 各后加字出现的次数

以 18 785 个全藏字为统计样本统计的各后加字出现的次数如表 13-7 所示。从表 13-7 可以看出，很多后加字出现的次数相等，这也是藏文文法没有限制后加字的添加导致的，其中后加字“འ”的次数最少，其构字能力最弱，这是由于文法约定基字明确后可省略该后加字。

表 13-7 构件中各后加字出现的次数

序号	后加字	次数	占比
1	ག	2 214	11.79%
2	ང	2 212	11.78%
3	ད	1 103	5.87%
4	ན	2 212	11.78%
5	བ	2 212	11.78%
6	མ	2 211	11.77%
7	འ	48	0.26%
8	ར	2 210	11.76%
9	ལ	2 210	11.76%
10	ས	1 096	5.83%
11	0	1 057	5.63%

8. 各再后加字出现的次数

以 18 785 个全藏字为统计样本统计的各再后加字出现的次数如表 13-8 所示。从表 13-8 可以看出，有再后加字的约占 40%。

表 13-8 构件中各再后加字出现的次数

序号	再后加字	次数	占比
1	ད	3 317	17.66%
2	ས	4 429	23.58%
3	0	11 039	58.76%

9. 各辅音出现的次数

以 18 785 个全藏字为统计样本，统计中发现 4 个元音的构字能力一样，这是由于藏文文法没有限定各元音的添加规律，各元音具有相同的构字规律和能力。传统文法认为藏文就是由 30 个辅音和 4 个元音构成，但有些辅音充当不同的构字构件，把不同构件的同一辅音视为一个进行统计的结果如表 13-9 所示。从表 13-9 可以看出，占比 6%以上的辅音都是能充当后加字的 9 个辅音，这也由于藏文文法没有限制后加字的添接；占比在 10%以上的 4 个辅音都是能充当多个构件、出现次数很多、构字能力最强的辅音。

表 13-9 构件中各辅音字符出现的次数

序号	辅音字符	基字	前加字	上加字	下加字	再下加字	后加字	再后加字	合计	占比
1	ཀ	2 040							2 040	3.03%
2	ཁ	850							850	1.26%
3	ག	2 634	938				2 214		5 780	8.59%
4	ང	678							2 890	4.30%

续表

序号	辅音字符	基字	前加字	上加字	下加字	再下加字	后加字	再后加字	合计	占比
5	ཅ	340							340	0.51%
6	ཆ	255							255	0.38%
7	ཇ	510							510	0.76%
8	ཉ	680							680	1.01%
9	ཏ	765							765	1.14%
10	ཐ	340							340	0.51%
11	ད	1 109	1 271				1 103	3317	6 800	10.11%
12	ན	678					2 212		2 890	4.30%
13	པ	850							850	1.26%
14	ཕ	595							595	0.88%
15	བ	1 274	3 824				2 212		7 310	10.86%
16	མ	767	1 272				2 211		4 250	6.32%
17	ཙ	680							680	1.01%
18	ཚ	340							340	0.51%
19	ཛ	425							425	0.63%
20	ཝ	85			1 105	170			1 360	2.02%
21	ཞ	340							340	0.51%
22	ཟ	510							510	0.76%
23	འ	87	1 613				48		1 748	2.60%
24	ཡ	170			2 805				2 975	4.42%
25	ར	255		2 380	2 890		2 210		7 735	11.50%
26	ལ	170		1 020	850		2 210		4 250	6.32%
27	ཤ	340							340	0.51%
28	ས	595		2 890			1 096	4 429	9 010	13.39%
29	ཧ	340							340	0.51%
30	ཨ	85							85	0.13%
合计		18 785	8 914	6 290	7 650	170	17 728	7 746	67 283	100.00%

13.6 算法分析

13.6.1 时间复杂度分析

本算法由构件识别和构件统计两部分组成，待处理的数据是 18 785 个，构件识别时，使用了先前的拆分结果。构件统计时，每个藏字最多拆成 8 个构件，每个构件可以看作只比较 1 次（每个位置存储采用字典数据类型）。理论上最坏时间复杂度就是 18 784 × 8 × 30，最坏时间复杂度为 $O(\mathrm{cn})$，即 $O(n)$。

13.6.2 空间复杂度分析

（1）算法中使用的藏字全集音节数量为 18 785，即 $O(n)$。

（2）构件统计存储 66 个数据，每个数据占一个 string 和 int 的字典，即 $O(1)$。

第 14 章　基于字典的单文件藏文音节统计

14.1 问题描述

一个藏文音节是用有限的构件作为前加字、上加字、基字、下加字、元音、后加字和再后加字来构成“二维平面”的字符，每个字符用音节点等隔开。藏文文法对音节字的构成有严格的限制，在理论上符合藏文文法拼写规定的音节字有 18 000 多个，但其中的很多音节字没有被赋予字义或词义。藏文音节字类似于汉字，有组词的语法功能，一个音节字可以构成很多词，再构成句子。音节字是词和句子的最小语法单位。对藏文音节字的统计不仅能反映每个藏文音节的组词能力，也能反映出藏文音节字实际运用的频次。本章以单个真实的藏文语料为统计源，编程实现对单文本中藏文音节字的统计，并对其算法效率进行分析。

14.2 问题分析

14.2.1 理论依据

1. 藏文音节统计理论

藏文音节进行统计时，算法以真实的藏文语料为统计源，扫描藏文文本，存储当前读取的字符，当遇到一个藏文音节分割字符时说明该藏文音节已结束。用读取藏文音节在存储音节统计的字典中查找该字符，如果该音节已插入字典中，则其频度加 1；如果字典中没查找到该音节，则插入该音节并设其频度为“1”。

藏文音节分隔采用第 10 章“藏文的拉丁转写”中的方法，用整理出的 90 个藏文音节分隔符、数字、特殊符号作为音节字的分隔符，用来在藏文连续文本中分隔藏文音节。

2. 字典的顺序存储

统计的藏文音节可以用一个字典来存储，在 Python 中字典可以满足动态存储。

14.2.2 算法思想

按照以上的理论，设计算法思想如下：

统计时，逐个读取文本中的 Unicode 字符，并将读取的字符存入字符串“ch”中，判断“ch”是否为“་”“།”等 90 个藏文音节分隔符号或非藏文字符之一，如果是则表示一个音节读取结束，把“s”中保存的当前藏文音节在字典中进行查找，若存在则计数器加 1，否则添加该音节，对应计数器设为 1；如果“ch”中的字符不是藏文音节分隔符，则把“ch”中的字符添加到“s”中。具体方法如下：

（1）若文件未结束，初始化字符串 s；文件结束，则程序结束。

（2）如果当前字符 ch 为非藏文，转到第（5）步，读取下一个字符。

（3）如果当前读取的字符为藏文字符时，判断是否是藏文音节分隔符，如果不是分隔符，则将该字符添加到字符串 s 中，并读取下一个字符，重复第（3）步，直到当前字符为非藏文或藏文分隔符后转到第（5）步。

（4）如果当前读取的字符为数字、特殊符号等藏文音节分隔符，则将 ch 中的字符也存入字典中。

（5）若 s 非空，将 s 存入字典中，转到第（1）步。

14.3 算法设计

14.3.1 存储空间

采用字典作为存储统计数据的数据结构：

```
out_dict = dict()
```

14.3.2 流程图

主函数流程如图 14-1 所示。

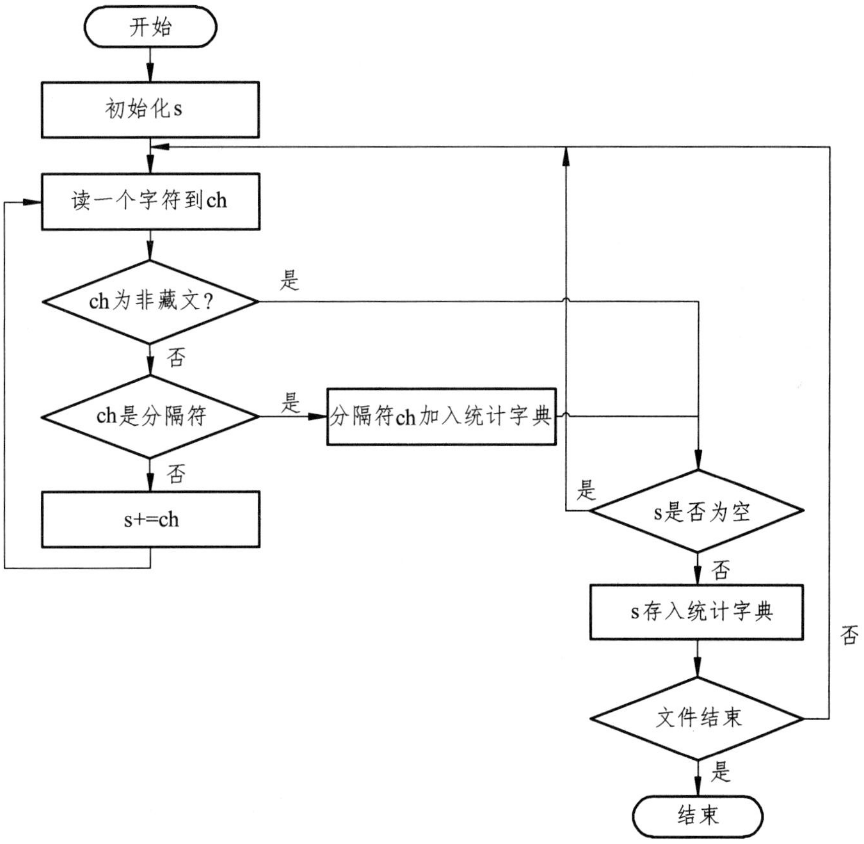

图 14-1 主函数流程图

14.3.3 伪代码

字频统计过程中最关键的部分是对非藏文编码、藏文分隔符、特殊字符的处理，该部分伪代码如下：

def count_word_f(data_list):

\# data_list 是以字符串为元素的列表

```
out_dict = dict()  # 字典作为计数器的存储结构
split_list_w = split_list()  # 获得分隔符列表
for line_data in data_list:  # 按行对文本进行遍历
    str_s = ''  # 初始化字符串
    for char in line_data:  # 行遍历字符
        if not 0x0F00 <= ord(char) <= 0x0FE0:  # 判断是否为非藏文
            if str_s == '':  # 当字符串为非空时，对字符串进行操作
                continue
            try:
                out_dict[str_s] = out_dict[str_s] + 1
            except KeyError:
                out_dict.update({str_s: 1})
            str_s = ''
        elif char in split_list_w:  # 判断是否为藏文中的分隔符
            try:
                out_dict[char] = out_dict[char] + 1
            except KeyError:
                out_dict.update({char: 1})
            try:
                out_dict[str_s] = out_dict[str_s] + 1
            except KeyError:
                out_dict.update({str_s: 1})
            str_s = ''
        else:
            str_s += char
```

14.4 程序实现

14.4.1 代码

（1）新建一个项目。

（2）在项目中新建一个名为“experience14.py”的文件，其中添加如下代码：

① 导入库模块：

```
import sys
import tkinter as tk
from tkinter import filedialog, messagebox, Frame, ttk
from ttkbootstrap import Style
```

② 界面设置模块：

```
class creatUI:
    def __init__(self):
        self.txt_data = []
```

```
        self.out_dict = None

        self.style = Style(theme='lumen')
        self.window = self.style.master
        self.window.title('TibetanWordFreqStatistics')
        self.window.geometry('820x500+600+300')

        self.fram0 = Frame(self.window, relief="sunken")

        self.fram0_0 = Frame(self.fram0, relief="sunken")
        self.text0 = tk.Text(self.fram0_0, width=40, height=10)
        self.font0 = tk.font.Font(family='Arial', size=20)
        self.text0.configure(font=self.font0)
        self.text0.pack(expand='yes')
        self.fram0_0.pack(side='left', expand='yes')

        self.fram0_1 = Frame(self.fram0, relief="sunken")
        self.bt0 = tk.Button(self.fram0_1, text='打开', width=15, height=2, command=self.open_file)
        self.bt0.pack(padx=20, pady=30, expand='yes')
        self.bt1 = tk.Button(self.fram0_1, text='统计', width=15, height=2, command=self.count_word)
        self.bt1.pack(padx=20, pady=30, expand='yes')
        self.bt2 = tk.Button(self.fram0_1, text='保存', width=15, height=2, command=self.save_file)
        self.bt2.pack(padx=20, pady=30, expand='yes')
        self.bt3 = tk.Button(self.fram0_1, text='退出', width=15, height=2, command=self.quite)
        self.bt3.pack(padx=20, pady=30, expand='yes')

        self.fram0_1.pack(side='left', expand='yes')
        self.fram0.pack()

        self.fram1 = Frame(self.window, relief="sunken")
        self.label0 = tk.Label(self.fram1, text='进度条:', font=('黑体', 12))
        self.label0.pack(anchor='w', expand='yes')
        self.prossbar = ttk.Progressbar(self.fram1, length=700, cursor='spider', mode="determinate",orient=
tk.HORIZONTAL)
        self.prossbar['maximum'] = 100
        self.prossbar.pack(side='top')
        self.fram1.pack(expand='yes')

        self.window.mainloop()
```

设计的主程序对话框如图 14-2 所示。

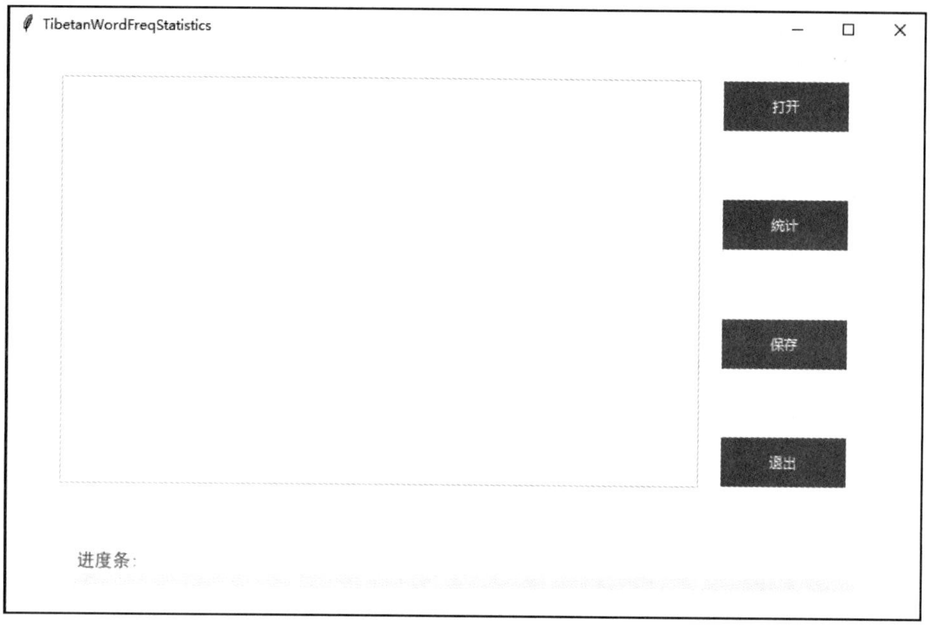

图 14-2 主程序对话框

（3）添加“统计”按钮的关联函数（函数位于 creatUI 类中）：

```
def count_word(self):
    if self.txt_data:
        self.out_dict = None
        self.text0.delete('1.0', 'end')
        self.out_dict = count_word_f(self.txt_data)
        self.prossbar['value'] = 40
        self.fram1.update()
        self.out_dict = sorted(self.out_dict.items(), key=lambda x: x[1], reverse=True)
        self.prossbar['value'] = 80
        self.fram1.update()
        for i, char in enumerate(self.out_dict):
            self.text0.insert('insert', char[0] + ':' + str(char[1]) + '\t')
            if (i + 1) % 5 == 0:
                self.text0.insert('insert', '\n')
        self.prossbar['value'] = 100
        self.fram1.update()
    else:
        messagebox.showinfo(title='警告', message='文件加载异常，请重新加载文件')
```

（4）添加“统计”按钮调用的函数（函数位于 creatUI 类外）：

```
def count_word_f(data_list):
    out_dict = dict()
    split_list_w = split_list()
    for line_data in data_list:
        str_s = ''
        for char in line_data:
```

```
            if not 0x0F00 <= ord(char) <= 0x0FE0:
                if str_s == '':
                    continue
                try:
                    out_dict[str_s] = out_dict[str_s] + 1
                except KeyError:
                    out_dict.update({str_s: 1})
                str_s = ''
            elif char in split_list_w:
                try:
                    out_dict[char] = out_dict[char] + 1
                except KeyError:
                    out_dict.update({char: 1})
                try:
                    out_dict[str_s] = out_dict[str_s] + 1
                except KeyError:
                    out_dict.update({str_s: 1})
                str_s = ''
            else:
                str_s += char
    return out_dict
```

（5）定义“统计藏文音节”模块调用的“分隔符提取”函数（函数位于 creatUI 类外）：

```
def split_list(path=r'藏字分隔符.txt'):
    out_list = []
    with open(path, encoding='utf-8', mode='r') as file:
        for line_data in file.readlines():
            for char in line_data.strip().strip(',').split(','):
                out_list.append(chr(int(char, base=16)))
    return out_list
```

（6）添加“打开”按钮的关联函数（函数位于 creatUI 类中）：

```
def open_file(self):
    self.txt_data.clear()
    self.text0.delete('1.0', 'end')
    self.prossbar['value'] = 0
    self.fram1.update()
    file_path = filedialog.askopenfilename(title=u'需要统计藏文音节的文本', multiple=False)
    if '.txt' in file_path:
        with open(file_path, encoding='utf-8', mode='r') as file_data:
            datas = file_data.readlines()
            for line_data in datas:
                self.txt_data.append(line_data)
                self.text0.insert('insert', line_data)
    else:
        messagebox.showinfo(title='警告', message='文件加载异常，请重新加载文件')
```

（7）添加“保存”按钮的关联函数（函数位于 creatUI 类中）：

```
def save_file(self):
    if self.out_dict:
        self.prossbar['value'] = 0
        self.fram1.update()
        with open('experiment14.txt', encoding='utf-8', mode='w+') as file:
            for i, char in enumerate(self.out_dict):
                file.write(char[0] + ':' + str(char[1]) + '\t')
                if (i + 1) % 5 == 0:
                    file.write('\n')
        messagebox.showinfo(title='提示', message='保存成功')
    else:
        messagebox.showinfo(title='警告', message='文件保存异常，请重新保存文件')
```

（8）添加“退出”按钮的关联函数（函数位于 creatUI 类中）：

```
def quite(self):
    self.window.quit()
    sys.exit()
```

（9）主函数模块：

```
if __name__ == '__main__':
    creatUI()
```

14.4.2 代码使用说明

（1）程序运行结果如图 14-3 所示。

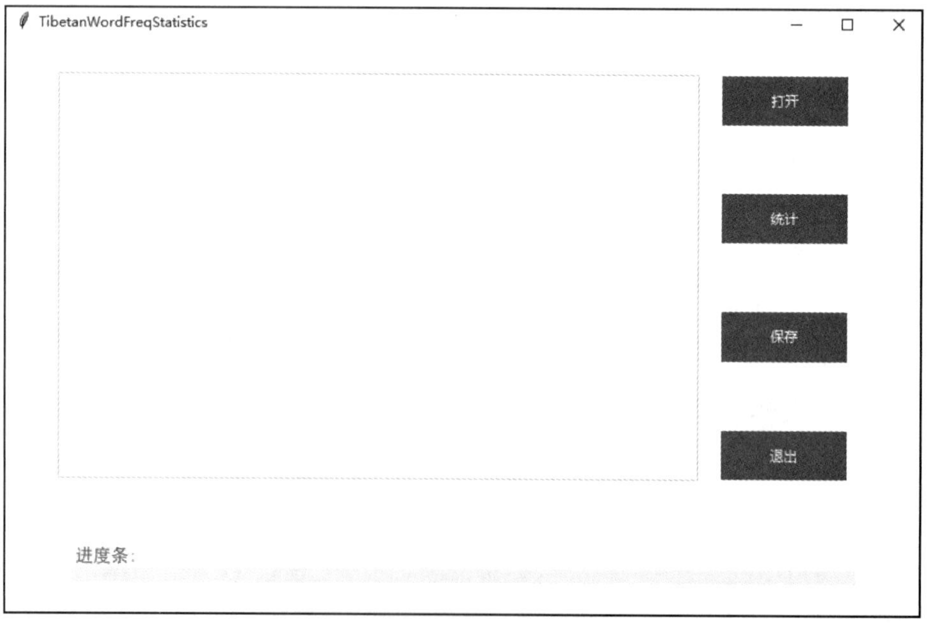

图 14-3 程序界面

（2）点击【打开】按钮打开文件选择窗口，如图 14-4 所示，选择待统计的文件后点击【打开】按钮。

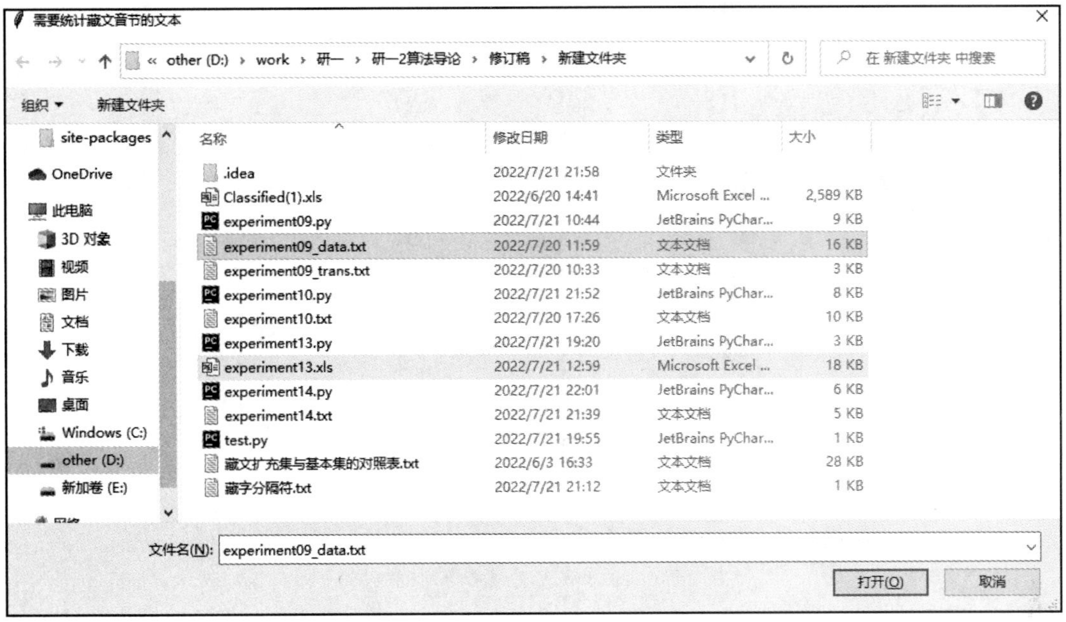

图 14-4 “打开”对话框

（3）点击【统计】按钮则开始统计，统计结束后显示统计结果，如图 14-5 所示。

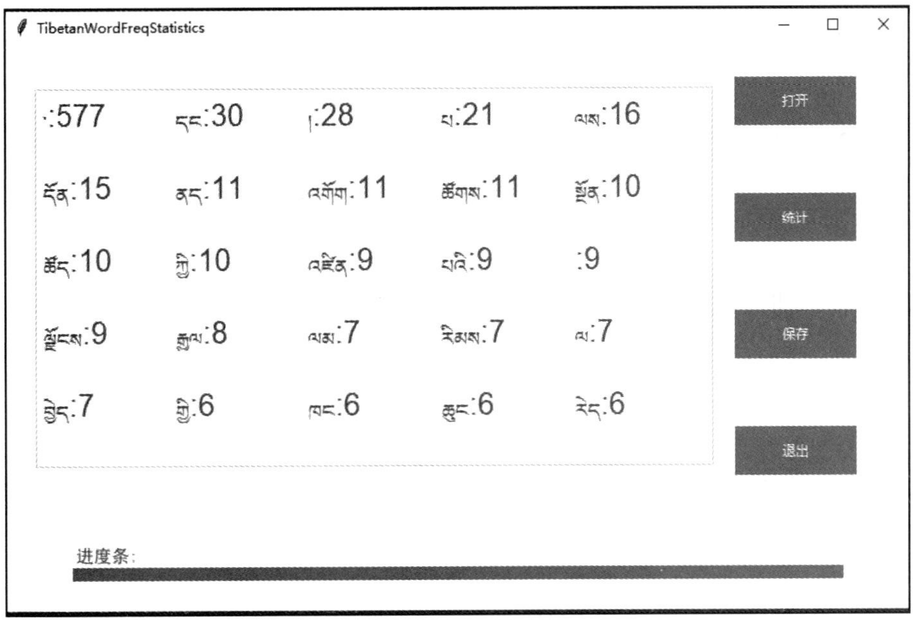

图 14-5 “统计”结果

（4）点击【保存】按钮即可保存在程序文件所在目录下。

14.5 运行结果

按照以上程序，对一个连续的藏文文本进行音节统计的结果如图 14-6 所示。

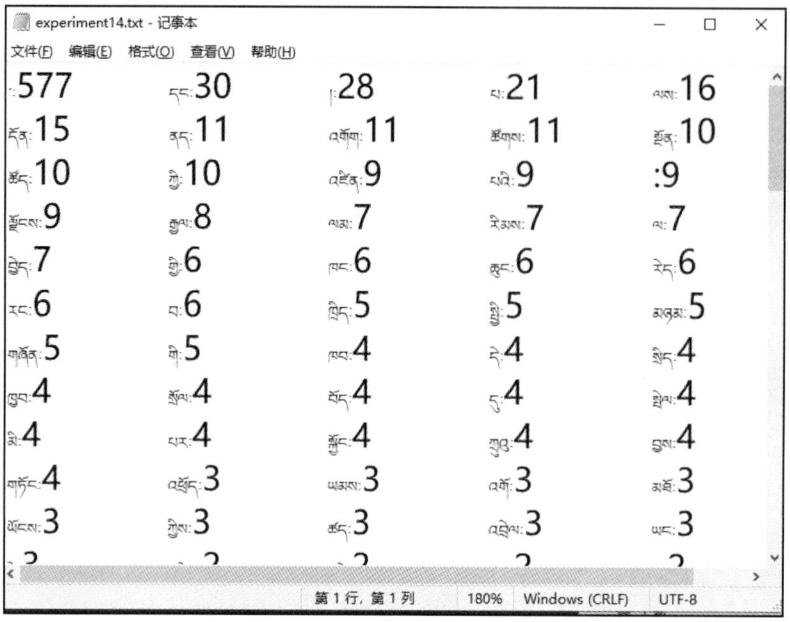

图 14-6 统计单文本藏文语料的结果

14.6 算法分析

14.6.1 时间复杂度分析

本算法中频次最高的操作是查找，在字典中查找待插入的藏文音节，如果查找成功则其频度加 1；如果查找失败，则在字典中插入该音节，并设其频度为 1。由于采用的是字典存储结构，故单个藏文音节查找的时间复杂度为 $O(1)$，总的时间复杂度为 $O(n)$。

14.6.2 空间复杂度分析

算法中读入文本文件时，用一个变量存储文件的所有字符，数据存储占用的空间大小是文本文件字符的大小，即 $O(n)$。

第 15 章 藏文多文本中藏字构件的动态统计

15.1 问题描述

第 13 章以藏文文法生成的全藏字作为统计样本对藏字的构件进行了静态统计。全藏字就是符合藏文文法的所有可能的藏文音节字，但其中的很多音节并没有词义，实际中只用到了部分藏文音节字。只有在实际运用的连续藏文文本中动态统计每个构件出现的频度，才能反映出各构件的实际使用频度。本章以多文件的藏文文本语料库为统计样本，动态统计藏文构件的出现频度，从而真实反映出藏文构件在连续文本中的出现频度，为设计键盘布局等实际应用提供理论依据。

15.2 问题分析

15.2.1 理论依据

藏文连续文本中进行藏文构件的动态统计，其实相当于综合第 14 章的藏文音节统计与第 13 章藏文音节的构件统计两个操作。具体步骤为：首先，把要统计的藏文文本都存放在一个文件夹中，让程序依次连续读出藏文文本，以藏文分隔符分出藏文音节；其次，调用藏文音节构件识别算法把音节的构件识别出来；最后，以识别的构件为基础在构件统计数据对应的频度统计数据上进行累加。

1. 藏文音节分隔

藏文的音节主要用“་”“།”来分隔，除了藏文字符本身的分隔符号外，还有汉文、英文等其他文字和藏文的一些特殊字符也可用来分隔藏文音节。参照藏文字符编码集，与第 10 章一样，以整理出的 90 个藏文的数字、特殊符号等作为藏文音节的分隔符号，用于在连续藏文文本中分隔藏文音节。

2. 多个文件操作①

藏文字符动态统计时，需要程序依次读取多个文件进行处理。在 tkinter.filedialog 中提供的 askopenfilename()方法能创建对话框，再执行选择所要打开的文档来完成读取多文件的任务。其中参数 title 为对话框的标题，initialdir 为默认打开的文件夹位置，multiple=**True**/False 为是否选中多个文件。askopenfilename()方法返回值为文件的路径，如果是多个文件则返回一个包含多个文件名的元组（tuple）。

当要打开多个文件时，首先设置 multiple 参数为 True，然后在选择文件时按住键盘上的“Ctrl”键，点击多个文件即可。例如：

```
files = filedialog.askopenfilename(title=u'选择文件夹', initialdir=(os.path.expanduser('初始打开文件夹的路径')), multiple=True)
    for file_path in files:
        if file_path is not None:
```

① 洪锦魁. Python GUI 设计——tkinter 菜鸟编程[M]. 北京：清华大学出版社，2019.

```
try:
    with open(file=file_path, mode='r+', encoding='utf-8') as f:
        word = f.read()
        # print(len(word))
        text.insert('insert', f'{file_path}        ')
        if(len(word)<12000): text1.insert('insert', f'{word}')
        else: text1.insert('insert', '文本已加载，由于文本数量过多，暂不显示在组件内')
        essay = essay + ''.join(word.strip('\n').strip().split())
        # print(essay)

except Exception as e:
    print(str(e))
    messagebox.askokcancel(title='警告', message='文件加载异常，请重新加载文件')
    text1.insert('insert', f'加载文件异常：{str(e)}，请重新加载文件')
```

15.2.2 算法思想

按照以上理论设计的算法思想如下：

统计时，将藏文连续文本以字符串形式存储入变量 essay。依次遍历 essay 中的字符到 ch 中。当 ch 是藏文构件时，被添加到 s 尾部。当 ch 不是藏文构件（包括藏文分隔符以及其他非藏字符）时，判断 s 是否为空。如果 s 为空，则统计字符 ch。如果 s 不为空，则对 s 中的藏文音节进行构件识别和统计构件，再统计 ch 字符。具体的方法为：

（1）将藏文连续文本以字符串形式存储入变量 essay，初始化 s 和 ch。

（2）从 essay 中读一个字符到 ch 中。

（3）判断 ch 是否是藏文构件，如果是则添加到 s 中，转到第（4）步；如果不是则判断 s 是否为空，如果不空则转到第（5）步；如果为空的则统计 ch 字符后转到第（4）步。

（4）判断 essay 是否为空，如果 essay 不为空则转到第（2）步，如果 essay 为空则程序结束。

（5）判断 s 是否含黏着后缀，如果是则将黏着体和黏着词尾分开后插入 words 列表中，如果不是则把 s 直接插入 words 列表中。

（6）从 words 依次取一个元素到 word 中，再判断 word 是否为空，如果是则统计 ch 字符，转到第（4）步；如果不是则转到第（7）步。

（7）word 构件识别并统计构件后转到第（6 步）。

15.3 算法设计

15.3.1 存储空间

（1）运用字典存储藏字构件及对应的计数值：

```
# 黏着词后缀
adhering = ['འི', 'འོ', 'འང', 'འུ']
# 元音
vowel = {'◌ི': 0, '◌ུ': 0, '◌ེ': 0, '◌ོ': 0, '#':0}
```

```
# 前加字符
front_char = {'ག': 0, 'ད': 0, 'བ': 0, 'མ': 0, 'འ': 0, '#':0}
# 上加字符
up_char = {'ར': 0, 'ལ': 0, 'ས': 0, '#':0}
# 基字
base_char = {'ཀ': 0, 'ཁ': 0, 'ག': 0, 'ང': 0, 'ཅ': 0, 'ཆ': 0, 'ཇ': 0, 'ཉ': 0, 'ཏ': 0, 'ཐ': 0, 'ད': 0, 'ན': 0, 'པ': 0, 'ཕ': 0,'བ': 0, 'མ':
0, 'ཙ': 0, 'ཚ': 0, 'ཛ': 0, 'ཝ': 0, 'ཞ': 0, 'ཟ': 0, 'འ': 0, 'ཡ': 0, 'ར': 0, 'ལ': 0, 'ཤ': 0, 'ས': 0, 'ཧ': 0, 'ཨ': 0}
# 叠加基字
base_overlied = {'ྐ': 0, 'ྑ': 0, 'ྒ': 0, 'ྔ': 0, 'ྕ': 0, 'ྖ': 0, 'ྗ': 0, 'ྙ': 0, 'ྟ': 0, 'ྠ': 0, 'ྡ': 0, 'ྣ': 0, 'ྤ': 0, 'ྥ': 0, 'ྦ': 0,
'ྨ': 0,'ྩ': 0, 'ྪ': 0, 'ྫ': 0, 'ྭ': 0, 'ྮ': 0, 'ྯ': 0, 'ྰ': 0, 'ྱ': 0, 'ྲ': 0, 'ླ': 0, 'ྴ': 0, 'ྶ': 0, 'ྷ': 0, 'ྸ': 0}
# 下加字
down_char = {'ྭ': 0, 'ྱ': 0, 'ྲ': 0, 'ླ': 0, '#':0}
# 再下加字
redown_char = {'ྭ': 0, '#':0}
# 后加字
rear_char = {'ག': 0, 'ང': 0, 'ད': 0, 'ན': 0, 'བ': 0, 'མ': 0, 'འ': 0, 'ར': 0, 'ལ': 0, 'ས': 0, '#':0}
# 再后加字
rerear_char = {'ད': 0, 'ས': 0, '#':0}
# 非藏字构字符统计表，'#'代表非藏字符，其他为藏文分隔符
split_char = {'ༀ': 0, '༁': 0, '༂': 0, '༃': 0, '༄': 0, '༅': 0, '༆': 0, '༇': 0,
        '༈': 0, '༉': 0, '་': 0, '༌': 0, '།': 0, '༎': 0, '༏': 0, '༐': 0, '༑': 0,
        '༒': 0, '༓': 0, '༔': 0, '༕': 0, '༖': 0, '༗': 0, '༘': 0, '༙': 0, '༚': 0,
        '༛': 0, '༜': 0, '༝': 0, '༞': 0, '༟': 0, '༠': 0, '༡': 0, '༢': 0, '༣': 0,
        '༤': 0, '༥': 0, '༦': 0, '༧': 0, '༨': 0, '༩': 0, '༪': 0, '༫': 0, '༬': 0,
        '༭': 0, '༮': 0, '༯': 0, '༰': 0, '༱': 0, '༲': 0, '༳': 0, '༴': 0, '༵': 0,
        '༶': 0, '༷': 0, '༸0, '༺': 0, '༻': 0, '༼0, '༽, 0, '༾': 0, '༿': 0,
        '྾': 0, '྿': 0, '࿀': 0, '࿁': 0, '࿂': 0, '࿃': 0, '࿄': 0, '࿅': 0, '࿆': 0,
        '࿇': 0, '࿈': 0, '࿉': 0, '࿊': 0, '࿋': 0, '࿌': 0, '࿎': 0, '࿏': 0, '࿐': 0,
        '࿑': 0, '࿒': 0, '࿓': 0, '࿔': 0, '   ': 0, '   ': 0, '   ': 0, '   ': 0, '࿙': 0,
        '࿚': 0, '#': 0}
```

（2）用一个字符串类型的 essay 存储所有藏文文本：

```
essay = ''
```

（3）用一个列表 words_18785 存储全藏字集及其对应构件：

```
words_18785 = []
```

15.3.2 流程图

主函数流程如图 15-1 所示。

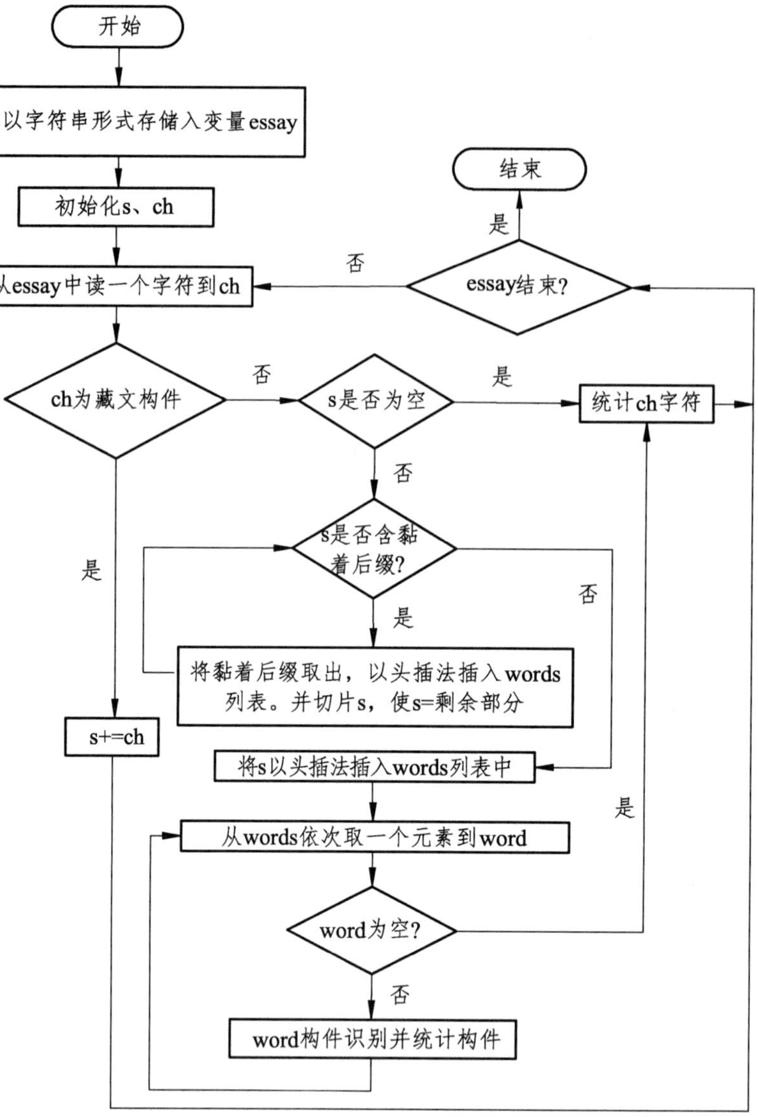

图 15-1　主函数流程图

15.3.3　伪代码

字频统计过程中最关键的部分是对非藏文编码、藏文分隔符、特殊字符的处理，该部分伪代码如下：

```
def Split_Tibetan():
    初始化 s 为空
    for i, ch in enumerate(essay):
        # ch 是藏文构字符，加入 s 尾部
        if('\u0F00'<=ch<='\u0FDA' and ch not in split_char):
            s += ch
            continue
        else:
        # ch 是分隔符或非藏字字符，先统计 ch，然后对 s 拆分构件以及构件统计
            统计 ch（非藏字字符字频统计在'#'下）
            if(s!=''): # s 不为空，此时 s 存放的是一个藏文音节
```

```
        # words 中的每个元素为一个可拆分藏字（黏着拆开放入）
        words = []
        # 判断是否含有黏着词后缀，如果有，不断将其拆分出去
        while (True):
            is_adhere = False
            for adhere in adhering:
                if s.endswith(adhere):
                    is_adhere = True
                    # 找到拆分位置
                    sep = s.rfind(adhere)
                    words.insert(0, s[sep:])  #模拟头插法，不打乱构字顺序
                    s = s[:sep]
            if (is_adhere == False): break
        words.insert(0, s)
        for word in words:
            识别统计 word 构件
        s = ''
```

15.4 程序实现

15.4.1 代码

（1）新建一个项目，在项目中新建一个名为“Create_List_18785Component.py”的文件，添加创建 18 785 个藏文音节与其构件 List（列表）的代码：

① 添加第 7 章“SplitComponent.py”中的所有代码。

② 再增加如下代码：

```
class Create_18785Com_list():
    def Create(self, words_18785):
        split_com = Split_component()
        with open('18785_words.txt', 'r', encoding='utf-8') as f:
            for i in range(18785):
                Tibetan = f.readline().strip()
                word = split_com.Split(Tibetan)
                words_18785.append(word)
        return words_18785
```

（2）在项目中新建一个名为“main.py”的文件，作为整个项目的入口，其中添加如下代码：

① 导入包，初始化表以及全局变量：

```
import tkinter as tk
from tkinter import filedialog, messagebox, ttk, scrolledtext, Frame
import tkinter.font as tkFont
import os
from ttkbootstrap import Style
```

```
from Create_List_18785Component import Create_18785Com_list

# 黏着词后缀
adhering = ['འི', 'འོ', 'འང', 'འུ']

# 元音
vowel = {'◌ི': 0, '◌ུ': 0, '◌ེ': 0, '◌ོ': 0, '#':0}

# 前加字符
front_char = {'ག': 0, 'ད': 0, 'བ': 0, 'མ': 0, 'འ': 0, '#':0}

# 上加字符
up_char = {'ར': 0, 'ལ': 0, 'ས': 0, '#':0}

# 基字
base_char = {'ཀ': 0, 'ཁ': 0, 'ག': 0, 'ང': 0, 'ཅ': 0, 'ཆ': 0, 'ཇ': 0, 'ཉ': 0, 'ཏ': 0, 'ཐ': 0, 'ད': 0, 'ན': 0, 'པ': 0, 'ཕ': 0,'བ': 0,
'མ': 0, 'ཙ': 0, 'ཚ': 0, 'ཛ': 0, 'ཝ': 0, 'ཞ': 0, 'ཟ': 0, 'འ': 0, 'ཡ': 0, 'ར': 0, 'ལ': 0, 'ཤ': 0, 'ས': 0,'ཧ': 0, 'ཨ': 0}

# 叠加基字
base_overlied = {'◌ྐ': 0, '◌ྑ': 0, '◌ྒ': 0, '◌ྔ': 0, '◌ྕ': 0, '◌ྖ': 0, '◌ྗ': 0, '◌ྙ': 0, '◌ྟ': 0, '◌ྠ': 0, '◌ྡ': 0, '◌ྣ': 0, '◌ྤ': 0, '◌ྥ': 0, '◌ྦ': 0,
'◌ྨ': 0,
                '◌ྩ': 0, '◌ྪ': 0, '◌ྫ': 0, '◌ྺ': 0, '◌ྮ': 0, '◌ྯ': 0, '◌ྰ': 0, '◌ྱ': 0, '◌ྲ': 0, '◌ླ': 0, '◌ྴ': 0, '◌ྶ': 0, '◌ྷ': 0, '◌ྸ': 0}

# 下加字
down_char = {'◌ྭ': 0, '◌ྱ': 0, '◌ྲ': 0, '◌ླ': 0, '#':0}

# 再下加字
redown_char = {'◌ྭ': 0, '#':0}

# 后加字
rear_char = {'ག': 0, 'ང': 0, 'ད': 0, 'ན': 0, 'བ': 0, 'མ': 0, 'འ': 0, 'ར': 0, 'ལ': 0, 'ས': 0, '#':0}

# 再后加字
rerear_char = {'ད': 0, 'ས': 0, '#':0}

# 非藏字构字符统计表，'#'代表非藏字字符，其他为藏文分隔符
split_char = {'ༀ': 0, '༁': 0, '༂': 0, '༃': 0, '༄': 0, '༅': 0, '༆': 0, '༇': 0,
        '༈': 0, '༉': 0, '་': 0, '༌': 0, '།': 0, '༎': 0, '༏': 0, '༐': 0, '༑': 0,
        '༒': 0, '༓': 0, '༔': 0, '༕': 0, '༖': 0, '༗': 0, '◌༘': 0, '◌༙': 0, '༚': 0,
        '༛': 0, '༜': 0, '༝': 0, '༞': 0, '༟': 0, '༠': 0, '༡': 0, '༢': 0, '༣': 0,
        '༤': 0, '༥': 0, '༦': 0, '༧': 0, '༨': 0, '༩': 0, '༪': 0, '༫': 0, '༬': 0,
        '༭': 0, '༮': 0, '༯': 0, '༰': 0, '༱': 0, '༲': 0, '༳': 0, '༴': 0, '◌༵': 0,
        '༶': 0, '◌༷': 0, '༸': 0, '༺': 0, '༻': 0, '༼': 0, '༽': 0, '◌༾': 0, '◌༿': 0,
        '྾': 0, '྿': 0, '࿀': 0, '࿁': 0, '࿂': 0, '࿃': 0, '࿄': 0, '࿅': 0, '◌࿆': 0,
        '࿇': 0, '࿈': 0, '࿉': 0, '࿊': 0, '࿋': 0, '࿌': 0, '࿎': 0, '࿏': 0, '࿐': 0,
```

```
            '༗': 0, '༶': 0, '྅': 0, '྆': 0, '  ': 0, '  ': 0, '  ': 0, '  ': 0, '༷': 0,
            '༵': 0, '#': 0}

    essay = '' # 存放所有文本
    words_18785 = []  # 初始化含有全藏字集和对应构件的列表
    creCom = Create_18785Com_list()
    creCom.Create(words_18785)
```

② 在 main 函数中编写窗口布局代码：

```
if __name__ == '__main__':
    style = Style(theme='lumen')
    window = style.master
    window.title('藏文多文本中藏字构件的动态统计')  # 标题
    window.geometry('820x580+600+300')  # 窗口尺寸+窗口初始距离屏幕左上角的位置
    window.resizable(False, False)
    # Silver
    '''
        窗口含有三个 Frame
        fram3：包括底部的进度条以及标签
        fram1：除 fram3 之外的左侧控件
        fram2：除 fram3 之外的右侧控件
    '''
    fram3 = Frame(window, relief="sunken")
    style.configure('my.Horizontal.TProgressbar', troughcolor='Silver', background='Moccasin', thickness=30)
    p1 = ttk.Progressbar(fram3, style='my.Horizontal.TProgressbar', length=800, cursor='spider', mode='determinate',
orient=tk.HORIZONTAL)
    p1.pack(side='bottom', padx=20, pady=20, anchor='sw', expand=True)

    label = tk.Label(fram3, text='统计进度：', font=('黑体', 12))
    label.pack()
    fram3.pack(side='bottom', expand='yes', anchor='s', fill='x')

    fram1 = Frame(window, relief="sunken")
    label = tk.Label(fram1, text='统计文本所在的文件夹：', font=('黑体', 12))
    label.pack(side='top', anchor='nw', pady=10)

    text = tk.Entry(fram1, width=88)
    text.pack(anchor='nw', ipady=5, expand='yes')

    text1 = scrolledtext.ScrolledText(fram1, width=50, height=15)
    font_text = tkFont.Font(family='Arial', size=16)
    text1.configure(font=font_text)
    text1.pack(anchor='nw', pady=20, expand='yes')
    fram1.pack(side='left', padx='20', anchor='nw')
```

```
fram2 = Frame(window, relief="sunken")
bt1 = tk.Button(fram2, text='打开文件夹', width=15, height=2, command=open_file)
bt1.pack(anchor='e', padx=20, pady=30, expand='yes')
# bt1.place(x=690, y=20)

bt2 = tk.Button(fram2, text='统计', width=15, height=2, command=Split_Tibetan)
bt2.pack(padx=20, pady=40, expand='yes')

bt3 = tk.Button(fram2, text='保存', width=15, height=2, command=save_file)
bt3.pack(padx=20, pady=40, expand='yes')

bt4 = tk.Button(fram2, text="退出", width=15, height=2, command=window.destroy)
bt4.pack(padx=20, pady=40, expand='yes')
fram2.pack(pady=10, expand='yes')

window.mainloop()  # 显示
```

设计的对话框窗口如图 15-2 所示。

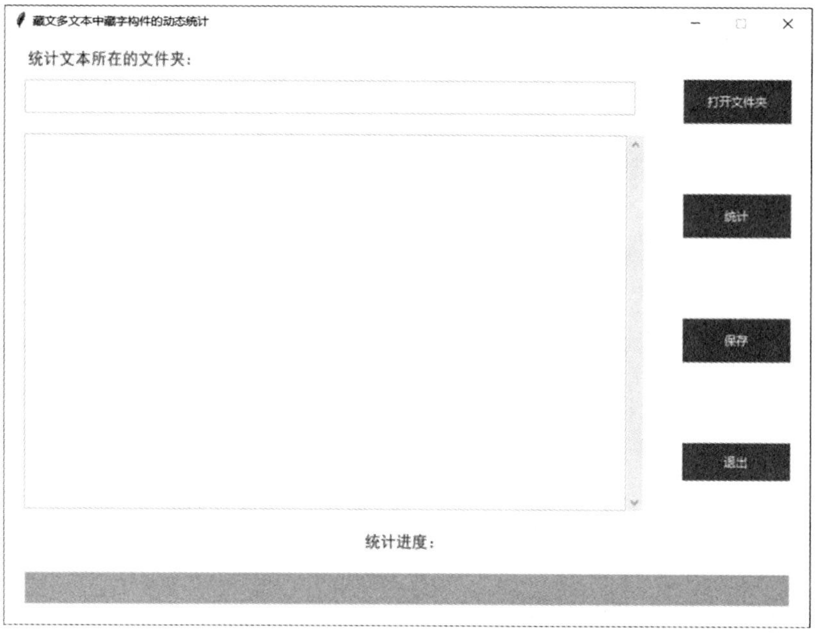

图 15-2　主程序的对话框

（3）编写【打开文件夹】、【保存】和【统计】按钮的关联函数。

① 添加【打开文件夹】按钮的关联函数：

```
def open_file():
    global essay
    essay = ''
    p1['value'] = 0
    window.update()
```

```
        text1.delete('1.0', 'end')
        # 设置打开的默认位置
        files = filedialog.askopenfilename(title=u'选择文件夹', initialdir=(os.path.expanduser('S:/Pycharm/installed/
WorkPlace_defualt/Master_Work/First_year/Algorithm analysis')), multiple=True)
        text.insert('insert', f'加载文件地址：{files}')
        for file_path in files:
            if file_path is not None:
                try:
                    with open(file=file_path, mode='r+', encoding='utf-8') as f:
                        essay = f.read()
                        text.insert('insert', f'{file_path}        ')
                        if(len(essay)<12000): text1.insert('insert', f'{essay}')
                        else: text1.insert('insert', '文本已加载，由于文本数量过多，暂不显示在组件内')

                except Exception as e:
                    print(str(e))
                    messagebox.askokcancel(title='警告', message='文件加载异常，请重新加载文件')
                    text1.insert('insert', f'加载文件异常：{str(e)}，请重新加载文件')
```

② 添加【保存】按钮的关联函数：

```
def save_file():
    global file_path
    text_str = text1.get('2.0', 'end')
    file_path = filedialog.asksaveasfilename(title=u'保存文件')
    print('保存文件：', file_path)
    if file_path is not None:
        with open(file=file_path, mode='w', encoding='utf-8') as f:
            f.write(text_str)
        result = messagebox.askokcancel(title='提示', message='文件已保存')
        if(result):print('保存完成')
        else: print('保存失败')
```

③ 添加【统计】按钮的关联函数：

```
# 将 unicode 值（int）转化为对应的字符（char）
def int2uni(num):
    return ('\\u{:0>4x}'.format(num)).encode().decode('unicode_escape')

def Count_TibetanComponents(Tibetan):
    # 前 1 上 2 基 3 下 4 再下 5 元 6 后 7 再后 8
    # 只有带上加字的基字才会有叠加圈
    fin = False
    for tibetan in words_18785:
        if(tibetan[0]==Tibetan):
            word = tibetan
            fin = True
```

```
            break
        if(fin==False):
            print(f'不属于全藏字集的部分：{Tibetan}（未计算入构件统计中）')
            return

        if(word[1]==''): front_char['#'] += 1
        else: front_char[word[1]] += 1

        if(word[2] == ''):up_char['#'] += 1
        else: up_char[word[2]] += 1

        if('\u0F90'<= word[3] <='\u0FB8'):
            base_overlied[word[3]] += 1
            base_char[int2uni(ord(word[3])-80)] += 1
        else: base_char[word[3]] += 1

        if(word[4] == ''):down_char['#'] += 1
        else: down_char[word[4]] += 1

        if(word[5] == ''):redown_char['#'] += 1
        else: redown_char[word[5]] += 1

        if(word[6] == ''):vowel['#'] += 1
        else: vowel[word[6]] += 1

        if(word[7] == ''):rear_char['#'] += 1
        else: rear_char[word[7]] += 1

        if(word[8] == ''):rerear_char['#'] += 1
        else: rerear_char[word[8]] += 1

    def Split_Tibetan():
        global Tib_count
        p1['maximum'] = len(essay) - 1
        one_fifth = len(essay) // 5
        text1.delete('1.0', 'end')
        s = ''
        for i, ch in enumerate(essay):
            # 进度条计算
            p1['value'] = i
            if(i%one_fifth==0): window.update()

            # ch 是藏文构字符，加入 s 尾部
```

```
        if('\u0F00'<=ch<='\u0FDA' and ch not in split_char):
            s += ch
            continue
        else: # 如果当前字符是分隔符或者其他非藏字字符，先统计 ch，然后将当前 s 进行拆分构件统计
            # 统计 ch（非藏字字符字频统计在'#'下）
            if(ch in split_char): split_char[ch] += 1
            else: split_char['#'] = 1

            # s 不为空，此时 s 存放的是一个藏文音节
            if(s!=''):
                # words 中的每个元素为一个可拆分藏字（黏着拆开放入）
                words = []
                # 判断是否含有黏着词后缀，如果有，不断将其拆分出去
                while (True):
                    is_adhere = False
                    for adhere in adhering:
                        if s.endswith(adhere):
                            is_adhere = True
                            # 找到拆分位置
                            sep = s.rfind(adhere)
                            words.insert(0, s[sep:])
                            s = s[:sep]
                    if (is_adhere == False): break
                words.insert(0, s)
                for word in words: Count_TibetanComponents(word)
                s = ''

    # 统计完后显示
    # 前 1 上 2 基 3 下 4 再下 5 元 6 后 7 再后 8
    text1.insert('insert', '前加字的统计结果如下：\n')
    for key, value in front_char.items(): text1.insert('insert', f'{key}          {value}\n')
    text1.insert('insert', '上加字的统计结果如下：\n')
    for key, value in up_char.items(): text1.insert('insert', f'{key}          {value}\n')
    text1.insert('insert', '基字的统计结果如下：\n')
    for key, value in base_char.items(): text1.insert('insert', f'{key}          {value}\n')
    text1.insert('insert', '叠加基字的统计结果如下：\n')
    for key, value in base_overlied.items(): text1.insert('insert', f'{key}          {value}\n')
    text1.insert('insert', '下加字的统计结果如下：\n')
    for key, value in down_char.items(): text1.insert('insert', f'{key}          {value}\n')
    text1.insert('insert', '再下加字的统计结果如下：\n')
    for key, value in redown_char.items(): text1.insert('insert', f'{key}          {value}\n')
    text1.insert('insert', '元音的统计结果如下：\n')
```

```
for key, value in vowel.items(): text1.insert('insert', f'{key}        {value}\n')
text1.insert('insert', '后字的统计结果如下：\n')
for key, value in rear_char.items(): text1.insert('insert', f'{key}        {value}\n')
text1.insert('insert', '再后加字的统计结果如下：\n')
for key, value in rerear_char.items(): text1.insert('insert', f'{key}        {value}\n')
text1.insert('insert', '藏文特殊字符和非藏文字符的统计如下：\n')
for key, value in split_char.items(): text1.insert('insert', f'{key}        {value}\n')
```

15.4.2　代码使用说明

（1）运行程序，界面如图 15-3 所示。

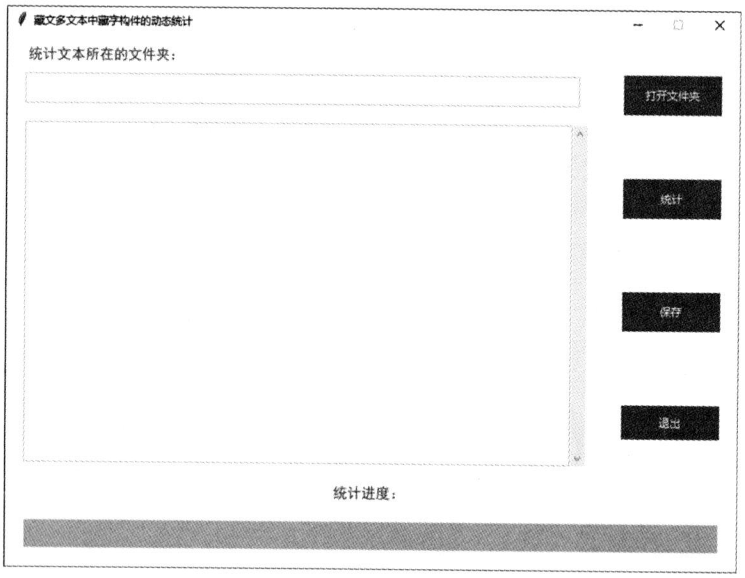

图 15-3　程序界面

（2）点击【打开文件夹】按钮，打开文件夹选择窗口，如图 15-4 所示，选择文本所在的文件夹后按住 Ctrl 键并点击多个文件，再点击【打开】按钮。

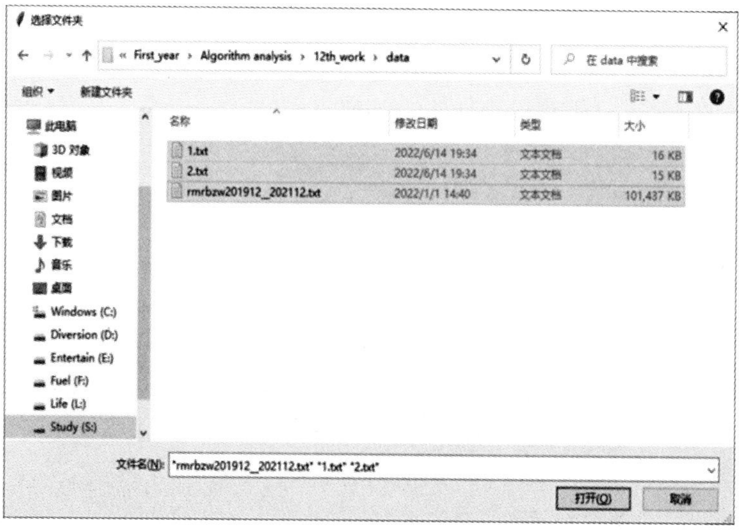

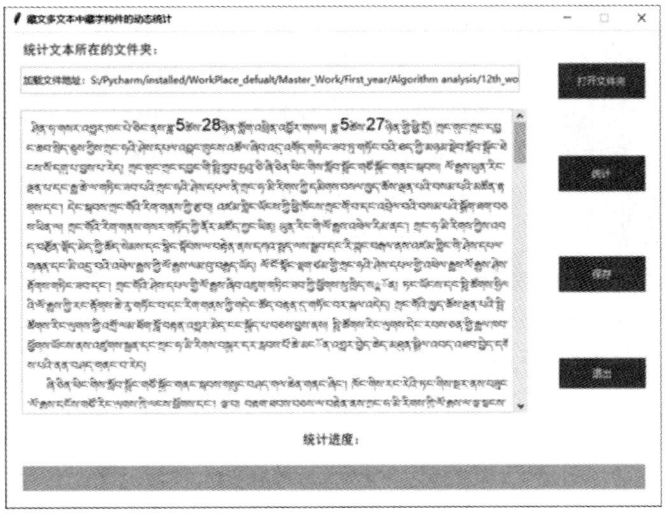

图 15-4 “打开”对话框

（3）点击【统计】按钮则开始进行统计，如图 15-5 所示。

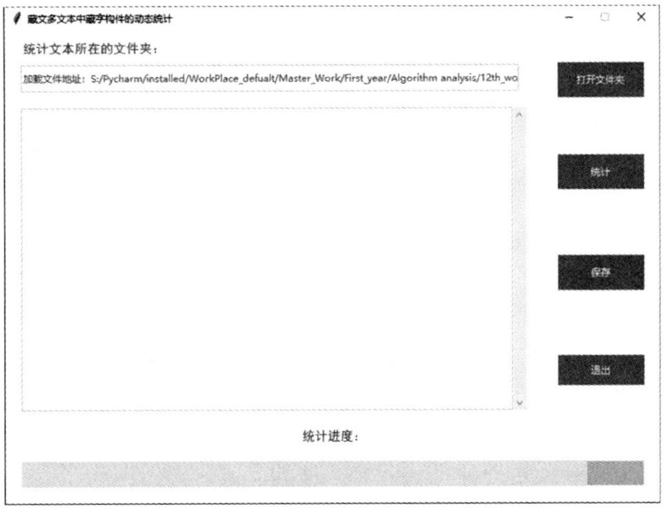

图 15-5 “统计”界面

（4）统计完成后，在窗口中显示统计结果，如图 15-6 所示。点击【保存】按钮保存统计结果。

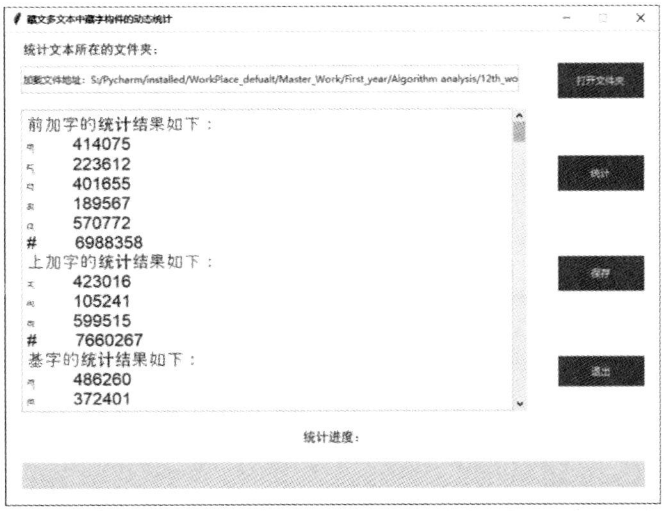

图 15-6 统计结果

15.5 运行结果

运用以上程序对某连续文本中的 34 645 793 个藏文字符经过音节提取、黏着拆分、构件识别后，对各构件出现的频次进行了统计。其中藏字有 8 427 152 个，对结果的分析如下：

1. 各前加字的数据分析

构件的统计中各前加字出现的次数如表 15-1 所示。从表 15-1 可以看出，静态统计中有前加字的约占一半，但在动态统计中没有前加字的约占 80%；静态统计中前加字“བ”的构字能力最强，约占所有前加字的一半；但动态统计中前加字“འ”的占比最大。

表 15-1 各前加字出现的次数

序号	前加字符	静态统计		动态统计	
		次数	占比	次数	占比
1	ག	938	4.99%	414 075	4.7%
2	ད	1 280	6.81%	223 612	2.54%
3	བ	3 827	20.37%	401 655	4.57%
4	མ	1 278	6.80%	189 567	2.16%
5	འ	1 620	8.62%	570 772	6.50%
6	#	9 842	52.39%	6 988 358	79.52%

2. 各上加字的数据分析

各上加字出现次数的频度统计结果如表 15-2 所示。从表 15-2 可以看出，静态统计中没有上加字的占 66.52%，而动态统计中没有上加字的占 87.17%，说明有上加字的占比较小。两种统计中各上加字的占比基本一致，上加字“ས”占比最大，其次是“ར”，“ལ”占比最小。

表 15-2 各上加字出现的次数

序号	上加字	静态统计		动态动态	
		次数	占比	次数	占比
1	ར	2 380	12.67%	423 016	4.81%
2	ལ	1 020	5.43%	105 241	1.20%
3	ས	2 890	15.38%	599 515	6.82%
4	0	12 495	66.52%	7 660 267	87.17%

3. 各基字的数据分析

各基字出现次数的统计结果如表 15-3 所示。基字是每个藏字必不可少的构件，但各构件的构字能力和实际运用中各构件的出现频次也不一致，其中基字“ག ད པ བ”等出现的频次很高，而“ཐ”的动态频次最低，与平时藏学专家认为的“可有可无”基本一致。

表 15-3 各基字出现的次数

序号	基字	静态统计		动态统计		序号	基字	静态统计		动态统计	
		次数	占比	次数	占比			次数	占比	次数	占比
1	ཀ	2 040	10.86%	486 260	5.53%	16	མ	763	4.06%	305 620	3.48%
2	ཁ	850	4.52%	372 401	4.24%	17	ཙ	680	3.62%	102 105	1.16%
3	ག	2 634	14.02%	1 000 598	11.39%	18	ཚ	340	1.81%	299 397	3.41%
4	ང	678	3.61%	133 718	1.52%	19	ཛ	425	2.26%	89 233	1.02%
5	ཅ	255	1.36%	191 102	2.18%	20	ཝ	85	0.45%	10 628	0.12%
6	ཆ	255	1.36%	202 964	2.31%	21	ཞ	340	1.81%	243 905	2.78%
7	ཇ	510	2.71%	82 752	0.94%	22	ཟ	510	2.71%	104 400	1.19%
8	ཉ	680	3.62%	135 303	1.54%	23	འ	80	0.43%	411 900	4.69%
9	ཏ	765	4.07%	323 754	3.68%	24	ཡ	170	0.90%	246 555	2.81%
10	ཐ	340	1.81%	248 324	2.82%	25	ར	260	1.38%	285 660	3.25%
11	ད	1 100	5.86%	739 329	8.41%	26	ལ	175	0.93%	404 421	4.60%
12	ན	685	3.65%	343 027	3.90%	27	ཤ	340	1.81%	120 268	1.37%
13	པ	850	4.52%	624 584	7.11%	28	ས	595	3.17%	355 630	4.05%
14	ཕ	595	3.17%	178 784	2.03%	29	ཧ	340	1.81%	84 842	0.97%
15	བ	1 360	7.24%	625 313	7.12%	30	ཨ	85	0.45%	35 262	0.40%

表 15-4 叠加基字的出现次数

序号	基字	次数	占比	序号	基字	次数	占比
1	◌ྐ	181 112	2.06%	16	◌ྨ	31 783	0.36%
2	◌ྑ	0	0.00%	17	◌ྩ	56 157	0.64%
3	◌ྒ	329 310	3.75%	18	◌ྪ	0	0.00%
4	◌ྔ	43 505	0.48%	19	◌ྫ	16 395	0.19%
5	◌ྕ	7 429	0.09%	20	◌ྭ	0	0.00%
6	◌ྖ	0	0.00%	21	◌ྮ	0	0.00%
7	◌ྗ	40 542	0.46%	22	◌ྯ	0	0.00%
8	◌ྙ	17 961	0.20%	23	◌ྰ	0	0.00%
9	◌ྟ	127 650	1.45%	24	◌ྱ	0	0.00%
10	◌ྠ	0	0.00%	25	◌ྲ	0	0.00%
11	◌ྡ	74 576	0.85%	26	◌ླ	0	0.00%
12	◌ྣ	45 035	0.51%	27	◌ྴ	0	0.00%
13	◌ྤ	106 135	1.21%	28	◌ྶ	0	0.00%
14	◌ྥ	0	0.00%	29	◌ྷ	29 282	0.33%
15	◌ྦ	20 900	0.24%	30	◌ྸ	0	0.00%

本次动态统计中对叠加基字进行了单独的统计，结果如表 15-4 所示。叠加字符总体占较小，其中占比较大的是“◌ྐ◌ྒ◌ྟ”；也有很多出现频次为 0 的基字，说明这些基字在现代藏字的结构中不进行纵向叠加。

4. 各下加字的数据分析

统计的各下加字出现的频次如表 15-5 所示。从表 15-5 可以看出，静态统计中有下加字的约占 40%，但动态统计中有下加字的不到 22%。下加字中“◌ྲ”“◌ྱ”的构字能力最强，出现的频次最多。

表 15-5　各下加字出现的次数

序号	下加字	静态统计		动态统计	
		次数	占比	次数	占比
1	◌ྭ	1 105	5.88%	16 417	0.19%
2	◌ྱ	2 805	14.93%	1 132 250	12.89%
3	◌ྲ	2 890	15.38%	580 906	6.61%
4	◌ླ	850	4.52%	133 146	1.52%
5	0	11 135	59.28%	6 925 320	78.80%

5. 再下加字的数据分析

统计的再下加字出现的次数如表 15-6 所示。两种统计结果中有再加字的还不到 0.1%，99.92%的字符没有再下加字。

表 15-6　再下加字出现的次数

序号	再下加字	静态统计		动态统计	
		次数	占比	次数	占比
1	◌ྭ	170	0.90%	7232	0.08%
2	0	18 615	99.10%	8 780 807	99.92%

6. 各元音的数据分析

各元音出现的频次的统计如表 15-7 所示。从表 15-7 可以看出，静态统计中各元音出现的频次一致，说明各元音构字的能力一样，但动态统计中各元音出现的频次不一致，有元音约占总体的 64%，其中“◌ི”和“◌ོ”各约占 20%。

表 15-7　各元音出现的次数

序号	元音	静态统计		动态统计	
		次数	占比	次数	占比
1	◌ི	3 757	20.00%	1 696 011	19.30%
2	◌ུ	3 757	20.00%	1 153 447	13.13%
3	◌ེ	3 757	20.00%	890 788	10.14%
4	◌ོ	3 757	20.00%	1 743 062	19.83%
5	0	3 757	20.00%	3 304 731	37.60%

7. 各后加字的数据分析

各后加字出现频次的统计如表 15-8 所示。静态统计中很多后加字出现的次数相等，这也是藏文文法没有限制后加字的添加导致的，其中后加字“འ”的次数最少，其构字能力最弱，但在动态统计中各后加字的出现频次就不一致，较多的是“ག ང ན ས”。

表 15-8 各后加字出现的次数

序号	后加字	静态统计		动态统计	
		次数	占比	次数	占比
1	ག	2 208	11.75%	755 915	8.60%
2	ང	2 212	11.78%	1 228 674	13.98%
3	ད	1 120	5.96%	675 728	7.69%
4	ན	2 205	11.74%	795 607	9.05%
5	བ	2 208	11.75%	304 106	3.46%
6	མ	2 209	11.76%	272 587	3.10%
7	འ	48	0.26%	43 704	0.50%
8	ར	2 205	11.74%	510 639	5.81%
9	ལ	2 205	11.74%	407 341	4.64%
10	ས	1 108	5.90%	915 577	10.42%
11	0	1 057	5.63%	2 878 161	32.75%

8. 各再后加字的数据分析

各再后加字出现频次的统计如表 15-9 所示。静态统计中有再后加字的约占 40%，但在动态统计中只占 7.48%。

表 15-9 各再后加字出现的次数

序号	再后加字	静态统计		动态统计	
		次数	占比	次数	占比
1	ད	3 300	17.57%	11 127	0.13%
2	ས	4 417	23.51%	646 228	7.35%
3	0	11 068	58.92%	8 130 684	92.52%

9. 藏文特殊字符的数据分析

藏文基本集中收录了较多的特殊字符，但藏文连续文本中很多字符出现的频率很低，从表 15-10 可以看出，音节点出现的频次最高，达到了 95.40%。

表 15-10 藏文特殊字符的动态统计

序号	基字	次数	占比	序号	基字	次数	占比
1	ༀ	0	0.00%	14	༢	0	0.00%
2	༁	0	0.00%	15	༣	0	0.00%
3	༄	0	0.01%	16	༤	0	0.00%
4	་	8 044 402	95.40%	17	༥	0	0.00%
5	༌	0	0.00%	18	༦	0	0.00%
6	།	388 041	4.60%	19	༧	0	0.00%
7	༎	0	0.00%	20	༨	0	0.00%

续表

序号	基字	次数	占比	序号	基字	次数	占比
8	༈	0	0.00%	21	༴	0	0.00%
9	༒	0	0.00%	22	◌༵	0	0.00%
10	༛	0	0.00%	23	◌༷	0	0.00%
11	༚	1	0.00%	24	༾	0	0.00%
12	༺	2	0.00%	25	༼	0	0.00%
13	༻	1	0.00%	26	༽	0	0.00%

15.6 算法分析

15.6.1 时间复杂度分析

本算法从文件中读取所有的字符，时间复杂度为 $O(n)$；再提取藏文音节、识别构件、构件统计，其时间复杂度为 $O(n)$，故有

$$T(n) = O(n)$$

15.6.2 空间复杂度分析

1. 数据存储空间

算法中读入文本文件，用一个 essay 变量存储多个文件的所有字符，占用的空间大小是所有文本文件的字符总和，即 $O(n)$。如果依次打开每个文件进行处理，当一个文件处理完成后释放存储空间，则程序数据的存储空间为 $O(n_1)$，其中 n_1 是处理的文件中字符最多的文件占用的存储空间。

2. 辅助存储空间

每一个位置对应的字符构件都有一个用于统计的字典（dict），字符构件是一个常数，故空间复杂度不超过 $O(1)$。还有一个用于存放之前拆分 18 785 个藏字对应的拆分构件的列表 18 785。故程序数据存储空间为 $O(1)$。

第 16 章 基于哈希表的多文件藏文音节统计

16.1 问题描述

第 14 章中实现了基于字典存储的单文档藏文音节动态统计，为了更准确地统计藏文音节字的使用频次，需要在更多的文本中进行统计。本章设计实现一个基于 Hash 表的从多文件藏文连续文本中统计藏文音节频次的程序，并对其效率进行分析。

16.2 问题分析

16.2.1 理论依据

1. 藏文音节统计理论

多文本中统计藏文音节的方法与第 14 章的方法一致，只是从存放多文本的文件夹中依次读取每个文件，并将每个文件中的藏文文本按顺序存储一个变量后进行遍历；当遇到一个非藏字构字符（包括第 10 章中整理的 90 个藏文分隔符，以及可能出现的其他非藏字符）时，说明之前的藏文音节已经形成，在存放统计音节的 Hash 表中查找，如果查找成功，则其频度加 1，如果查找失败，则在表中插入该音节并将其频度设为“1”。

2. Hash 函数[①]

1）Hash 函数概述

一般的线性表、树等数据结构中记录存储的相对位置是随机的，即和记录的关键字之间不存在确定的关系，因此，在这类结构中查找记录时需进行一系列和关键字的比较。这类查找方法建立在“比较”的基础上，查找的效率依赖于查找过程中所进行的比较次数。一种理想的情况是不进行一一比较，就能直接找到需要的记录，因此必须在记录的存储位置和它的关键字之间建立一个确定的对应关系 H，使每个关键字和结构中一个唯一的存储位置相对应。

在记录的存储位置和它的关键字之间建立一个确定的对应关系 H，以 H(key)作为关键字为 key 的记录在表中的位置，称这个对应关系 H 为哈希（Hash）函数。

Hash 又称为散列、杂凑、哈希，是把任意长度的输入（又叫作预映射 pre-image）通过散列算法变换成固定长度的输出，该输出就是散列值。散列值的空间通常远小于输入的空间，不同的输入可能会散列成相同的输出。

Hash 算法虽然被称为算法，但实际上它更像是一种思想。Hash 算法没有一个固定的公式，只要符合散列思想的算法都可以被称为是 Hash 算法。按照 Hash 算法存储记录的表称为 Hash 表。在 Hash 表中查找记录时，如果表中存在和关键字 k 相等的记录，则必定在表的 H(k)存储位置上，因此，不需要比较关键字便可直接查找到记录。

---

① 王欣欣，冷玉池.数据结构实用教程（C 语言版）[M]. 西安：西安电子科技大学出版社，2016.

不同的关键字可能得到同一散列地址的这种现象（即 key1≠key2，而 H(key1)=H(key2)）称为碰撞或冲突。具有相同函数值的关键字对该散列函数来说称为同义词。

综上所述，Hash 就是根据散列函数 H(key)和处理冲突的方法将一组关键字映射到一个有限的连续地址集（区间）上，并以关键字在地址集中的“像”作为记录在表中的存储位置的一种算法思想。

2）常用 Hash 函数

散列函数使得对一个数据序列的访问过程更加迅速有效，通过散列函数，数据元素将被更快地定位。常用的 Hash 函数有：

（1）直接寻址法。

该方法取关键字或关键字的某个线性函数值为散列地址，即 H(key)=key 或 H(key)=a·key+b，其中，a 和 b 为常数（这种散列函数叫作自身函数）。

（2）数字分析法。

分析一组数据，比如一组员工的出生年月日，这时发现出生年月日的前几位数字大体相同，这样的话，这些数据出现冲突的概率就会很大；同时又发现出生年月日的后几位数字（表示月份和具体日期）差别很大，如果用后面的数字来构成散列地址，则冲突的概率会明显降低。因此，数字分析法就是找出数字的规律，尽可能利用这些数据来构造冲突概率较低的散列地址。

（3）平方取中法。

该方法取关键字平方后的中间几位作为散列地址。

（4）折叠法。

该方法将关键字分割成位数相同的几部分，最后一部分位数可以不同，然后取这几部分的叠加和（去除进位）作为散列地址。

（5）随机数法。

该方法选择一随机函数，以关键字作为随机函数的自变量，生成随机值作为散列地址。

（6）除留余数法。

该方法取关键字被某个不大于散列表表长 m 的数 p 除后所得的余数为散列地址，即 H(key)= key MOD p, p≤m。该操作不仅可以对关键字直接取模，也可在关键字进行折叠、平方取中等运算之后取模。对 p 的选择很重要，一般取素数或 m，若 p 选得不好，容易产生碰撞。

3）处理冲突方法

（1）开放寻址法。

$H_i=(H(key) + d_i)\ MOD\ m, i=1,2,\cdots,k(k\leq m-1)$，其中，H(key)为散列函数；m 为散列表长；di 为增量序列，有下列三种取法：

① $d_i=1,2,3,\cdots, m-1$，称线性探测再散列；

② $d_i=1^2,-1^2,2^2,-2^2,3^2,\cdots,\pm k^2,(k<=m/2)$，称二次探测再散列；

③ d_i=伪随机数序列，称伪随机探测再散列。

（2）再散列法。

$H_i=RH_i(key),i=1,2,\cdots,k$。RHi 均是不同的散列函数，即在同义词产生地址冲突时计算另一个散列函数地址，直到冲突不再发生，这种方法不易产生“聚集”，但增加了计算时间。

（3）链地址法。

将所有关键字为同义词的记录存储在同一线性链表中。

例如：关键字{ 19, 01, 23, 14, 55, 68, 11, 82, 36 }，采用 H(key)=key MOD 7，用链地址法处理冲突结果如图 16-1 所示。

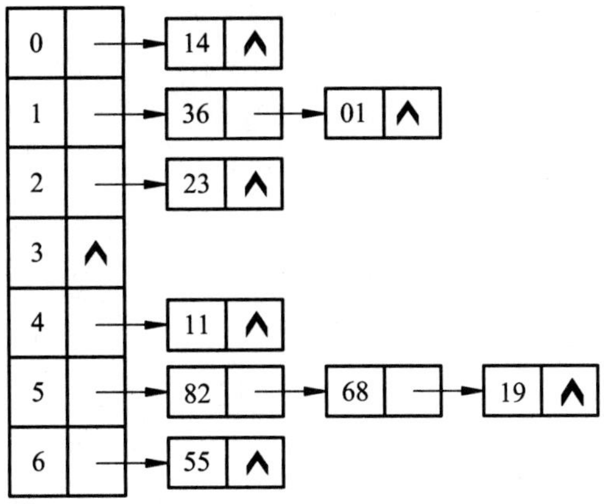

图 16-1 Hash 的链地址法

（4）建立一个公共溢出区。

公共溢出表用来存放所有关键字和基本表中关键字为同义词的记录，不管它们由哈希函数得到的哈希地址是什么，一旦发生冲突，都填入溢出表。

4）查找性能分析

散列表的查找过程基本上和造表过程相同。一些关键码可通过散列函数转换的地址直接被找到，另一些关键码在散列函数得到的地址上产生了冲突，需要按处理冲突的方法进行查找。产生冲突后的查找仍然是给定值与关键码进行比较的过程，所以对散列表查找效率的量度，依然用平均查找长度来衡量。

查找过程中，关键码的比较次数取决于产生冲突的多少。产生的冲突少，查找效率就高；产生的冲突多，查找效率就低。因此，影响产生冲突多少的因素，也就是影响查找效率的因素。影响产生冲突多少有以下三个因素：

（1）散列函数是否均匀；

（2）处理冲突的方法；

（3）散列表的装填因子。

散列表的装填因子定义为：α=填入表中的元素个数/散列表的长度。

α是散列表装满程度的标志因子。由于表长是定值，α与“填入表中的元素个数”成正比，所以α越大，填入表中的元素较多，产生冲突的可能性就越大；α越小，填入表中的元素较少，产生冲突的可能性就越小。

实际上，散列表的平均查找长度是装填因子α的函数，只是不同处理冲突的方法有不同的函数。

16.2.2 算法思想

1. 多文本中统计藏文音节字的 Hash 表

设计一个有三个维度的 Hash 列表。考虑到藏文音节有 18 785 个，故第二维度的大小设置成 18 785，其位置信息对应的是散列值，第三维度用来模拟链地址法解决冲突。

每一个藏文音节产生一个列表，列表的形式为“[藏文音节, 频度]”，具体设计如下：

```
words_count:
[
    [['藏文音节 i', 频度] , ['藏文音节 j', 频度], [] ... [] ],
    [],
```

```
    ... # 18785 个，根据散列值找到元素的插入位置
    []
]
```

2. 算法思想

按照上述理论设计的藏文多文本中统计藏文音节字的算法思想如下：

统计时，将藏文连续文本以字符串形式存储入变量 essay。依次遍历 essay 中的字符到 ch 中。当 ch 是藏文构件时将其添加到 s 尾部。当 ch 不是藏文构件时，判断 s 是否为空。如果 s 为空，不做任何操作，继续从 essay 中读字符到 ch。如果 s 不为空，则当前 s 中存放的是一个藏文音节，通过 H(key)计算 s 的 Hash 值并进行频度统计，如果发生冲突则模拟链地址法解决冲突。具体的方法为：

（1）将藏文连续文本以字符串形式存储入变量 essay，初始化 s 和 ch。

（2）判断 essay 是否为空，如果 essay 为空则输入统计结果，程序结束；如果不为空则从 essay 中读一个字符到 ch 中。

（3）判断 ch 是否是藏文构件，如果是则添加到 s 中，跳转到第（2）步；如果不是则转到第（4）步。

（4）判断 s 是否为空，如果是则跳转到第（2）步；如果不是则转到第（5）步。

（5）当前 s 中存储的是一个藏字。计算 s 的 Hash 值，对 s 进行统计。如果发生冲突，模拟链地址法解决冲突。Hash 值的计算公式如下：

$$H(\text{key}) = \left\{ \sum_{i=0}^{\text{len}(s)} (\text{key}_i^3 - \text{pos}^2) \right\} \%18785$$

其中，key_i 是初始给每一个藏文构件的 id 值（1～124），pos 是藏文音节每个字符对应的位置索引。

（6）清空 s，跳转到第（2）步。

16.3 算法设计

16.3.1 存储空间

1. 初始化存储藏文音节及频度的列表

```
words_count = [[] for i in range(18785)]
```

2. 为每一个藏文字符定义一个对应 id，用字典（dict）存放

```
id_m = {
    'ཀ': 1, 'ཁ': 2, 'ག': 3, 'གྷ': 4, 'ང': 5, 'ཅ': 6, 'ཆ': 7, 'ཇ': 8, 'ཉ': 10, 'ཊ': 11, 'ཋ': 12, 'ཌ': 13,'ཌྷ': 14, 'ཎ': 15, 'ཏ': 16, 'ཐ': 17, 'ད': 18, 'དྷ': 19, 'ན': 20, 'པ': 21, 'ཕ': 22, 'བ': 23, 'བྷ': 24, 'མ': 25,'ཙ': 26, 'ཚ': 27, 'ཛ': 28, 'ཛྷ': 29, 'ཝ': 30, 'ཞ': 31, 'ཟ': 32, 'འ': 33, 'ཡ': 34, 'ར': 35, 'ལ': 36, 'ཤ': 37,'ཥ': 38, 'ས': 39, 'ཧ': 40, 'ཨ': 41, 'ཀྵ': 42, 'ཪ': 43, 'ཫ': 44, 'ཬ': 45, 'ཱ': 50, 'ི': 51, 'ཱི': 52, 'ུ': 53,'ཱུ': 54, 'ྲྀ': 55, 'ཷ': 56, 'ླྀ': 57, 'ཹ': 58, 'ེ': 59, 'ཻ': 60, 'ོ': 61, 'ཽ': 62, 'ཾ': 63, 'ཿ 64, 'ྀ': 65, 'ཱྀ': 66,'ྂ': 67, 'ྃ': 68, '྄': 69, '྅': 70, '྆': 71, '྇': 72, 'ྈ73, 'ྉ': 74, 'ྊ75, 'ྋ76, 'ྌ': 77, 'ྍ': 78,'ྎ': 79, 'ྏ': 80, 'ྐ': 81, 'ྑ': 82, 'ྒ': 83, 'ྒྷ': 84, 'ྔ': 85, 'ྕ': 86, 'ྖ': 87, 'ྗ': 88,
```

```
'ྙ': 90, 'ྚ': 91, 'ྛ': 92,'ྜ': 93, 'ྜྷ': 94, 'ྞ': 95, 'ྟ': 96, 'ྠ': 97, 'ྡ': 98, 'ྡྷ': 99, 'ྣ': 100, 'ྤ': 101, 'ྥ': 102, 'ྦ':
103, 'ྦྷ': 104,'ྨ': 105, 'ྩ': 106, 'ྪ': 107, 'ྫ': 108, 'ྫྷ': 109, 'ྭ': 110, 'ྮ': 111, 'ྯ': 112, 'ྰ': 113, 'ྱ': 114, 'ྲ':
115,'ླ': 116, 'ྴ': 117, 'ྵ': 118, 'ྶ': 119, 'ྷ': 120, 'ྸ': 121, 'ྐྵ': 122, 'ྺ': 123, 'ྻ': 124}
```

3. 藏文分隔符表

```
split_char = ['ༀ', '༁', '༂', '༃', '༄', '༅', '༆', '༇', '༈', '༉',
              '་', '༌', '།', '༎', '༏', '༐', '༑', '༒', '༓', '༔', '༕',
              '༖', '༗', '༘', '༙', '༚', '༛', '༜', '༝', '༞', '༟',
              '༠', '༡', '༢', '༣', '༤', '༥', '༦', '༧', '༨', '༩', '༪',
              '༫', '༬', '༭', '༮', '༯', '༰', '༱', '༲', '༳', '༴', '༵',
              '༶', '༷', '༸', '༺', '༻', '༼', '༽', '༾', '༿', '྾', '྿',
              '࿀', '࿁', '࿂', '࿃', '࿄', '࿅', '࿆', '࿇', '࿈', '࿉', '࿊',
              '࿋', '࿌', '࿎', '࿏', '࿐', '࿑', '࿒', '࿓', '࿔', '࿕', '࿖',
              '࿗', '࿘', '࿙', '࿚']
```

16.3.2 流程图

1. 主函数流程图

主函数流程如图 16-2 所示。

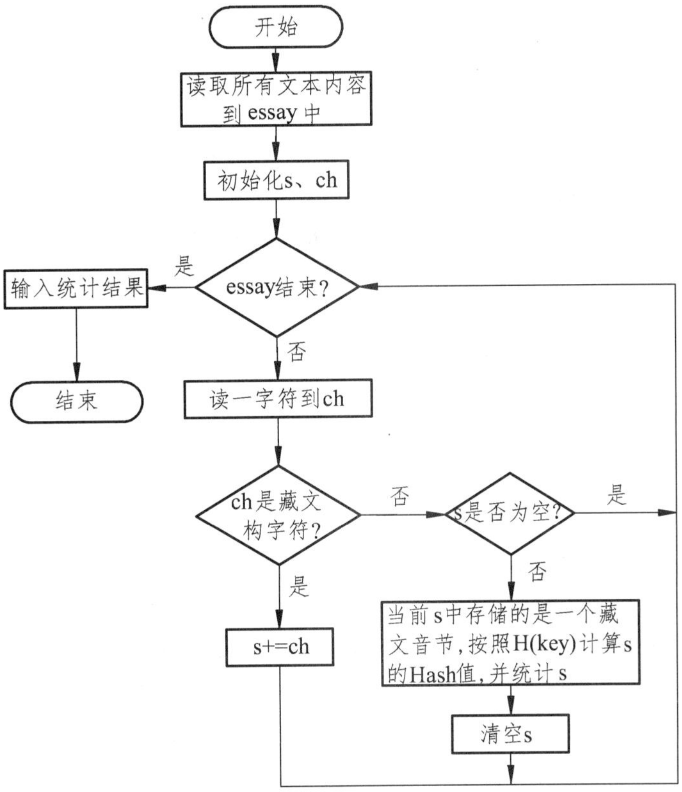

图 16-2 主函数流程图

2. 将藏文音节插入 Hash 表的流程图

将藏文音节插入 Hash 表的流程如图 16-3 所示。

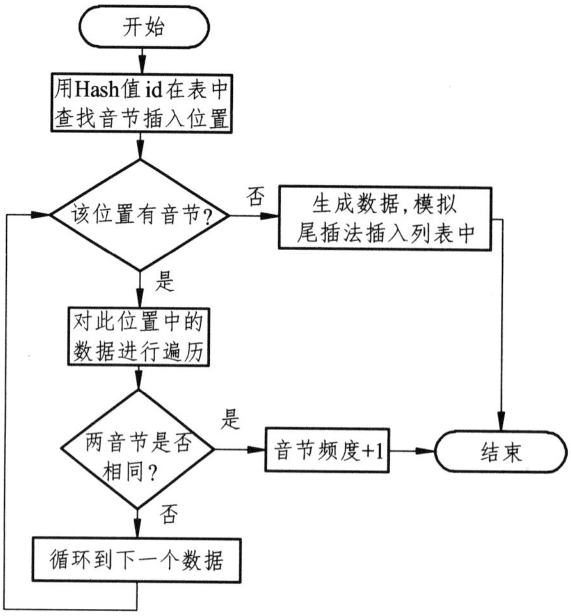

图 16-3 藏文音节插入 Hash 表的流程图

16.3.3 伪代码

1. 主程序的伪代码

藏文音节字频统计过程中最关键的部分是对非藏文编码、藏文分隔符、特殊字符的处理，其伪代码如下：

```
def Count_Tibetan():
    s = ''
    for i, ch in enumerate(essay):
        if ('\u0F00' <= ch <= '\u0FDA' and ch not in split_char):
            如果是藏字且不是分隔符，与之前的字符构成字符串
            continue
        # 藏字已构成，计算 id 并计数
        elif s != '':
            fin = False
            id = 0
            for pos, char in enumerate(s):
                id += (id_m[char] ) ** 3 - pos ** 2
            id = id % 18785
            去表中找是否存在当前藏字 s，存在则数量 +1
            不存在当前藏字，在当前表中添加此藏字且将数量设置为 1
            模拟链地址法解决冲突
            s = ''
```

2. 藏文音节插入到 Hash 表的伪代码

藏文音节插入 Hash 表，通过藏文音节的 Hash 值找到该音节的位置，如果该位置空则把该字符插入 Hash 表中，频度设为 1；如果该位置已有藏文音节字，比较待插入音节与已有音节，如果相同

则频度加 1，如果不相同则生成一个新列表，模拟尾插法把数据插入对应 id 列表中的已存在列表之后，其伪代码如下：

```
def Insert_elem(Tibetan, id):
    fin = False # 标记是否在表中找到传入的音节
    for word in words_count[id]: # word[0]是音节
        if (word[0] == Tibetan): # word[1]是频度
            word[1] += 1
            fin = True
    # 不存在此音节。向散列表中添加此音节并将其数量设置为 1
    if (fin == False): words_count[id].append([Tibetan, 1]) # 模拟链地址法解决冲突
```

16.4 程序实现

16.4.1 代码

（1）新建一个项目，在项目中新建一个名为“main.py”的文件，其中添加代码如下：

① 导入包，初始化表以及全局变量：

```
import time
import tkinter as tk
from tkinter import filedialog, messagebox, ttk, scrolledtext, Frame
import tkinter.font as tkFont
import os
from ttkbootstrap import Style

essay = '' # 存储所有文本
words_count = [[] for i in range(18785)] # 散列表

# 给每个藏文构字字符初始化一个值，作为 Hash 计算中的一个变量
id_m = {
    'ཀ': 1, 'ཁ': 2, 'ག': 3, 'གྷ': 4, 'ང': 5, 'ཅ': 6, 'ཆ': 7, 'ཇ': 8, 'ཉ': 10, 'ཊ': 11, 'ཋ': 12, 'ཌ': 13,
    'ཌྷ': 14, 'ཎ': 15, 'ཏ': 16, 'ཐ': 17, 'ད': 18, 'དྷ': 19, 'ན': 20, 'པ': 21, 'ཕ': 22, 'བ': 23, 'བྷ': 24, 'མ': 25,
    'ཙ': 26, 'ཚ': 27, 'ཛ': 28, 'ཛྷ': 29, 'ཝ': 30, 'ཞ': 31, 'ཟ': 32, 'འ': 33, 'ཡ': 34, 'ར': 35, 'ལ': 36, 'ཤ': 37,
    'ཥ': 38, 'ས': 39, 'ཧ': 40, 'ཨ': 41, 'ཀྵ': 42, 'ཪ': 43, 'ཫ': 44, 'ཬ': 45, 'ཱ': 50, 'ི': 51, 'ཱི': 52, 'ུ': 53, 'ཱུ':
    54, 'ྲྀ': 55, 'ཷ': 56, 'ླྀ': 57, 'ཹ': 58, 'ེ': 59, 'ཻ': 60, 'ོ': 61, 'ཽ': 62, 'ཾ': 63, 'ཿ 64, 'ྀ': 65, 'ཱྀ': 66, 'ྂ':
    67, 'ྃ': 68, '྄': 69, '྅': 70, '྆': 71, '྇': 72, 'ྈ73, 'ྉ': 74, 'ྊ75, 'ྋ76, 'ྌ': 77, 'ྍ': 78, 'ྎ': 79, 'ྏ': 80,
    'ྐ': 81, 'ྑ': 82, 'ྒ': 83, 'ྒྷ': 84, 'ྔ': 85, 'ྕ': 86, 'ྖ': 87, 'ྗ': 88, 'ྙ': 90, 'ྚ': 91, 'ྛ': 92, 'ྜ': 93, 'ྜྷ':
    94, 'ྞ': 95, 'ྟ': 96, 'ྠ': 97, 'ྡ': 98, 'ྡྷ': 99, 'ྣ': 100, 'ྤ': 101, 'ྥ': 102, 'ྦ': 103, 'ྦྷ': 104, 'ྨ': 105,
    'ྩ': 106, 'ྪ': 107, 'ྫ': 108, 'ྫྷ': 109, 'ྭ': 110, 'ྮ': 111, 'ྯ': 112, 'ྰ': 113, 'ྱ': 114, 'ྲ': 115, 'ླ': 116,
    'ྴ': 117, 'ྵ': 118, 'ྶ': 119, 'ྷ': 120, 'ྸ': 121, 'ྐྵ': 122, 'ྺ': 123, 'ྻ': 124
}
# 分隔符
split_char = ['ༀ', '༁', '༂', '༃', '༄', '༆', '༇', '༈', '༉', '༊',
              '་', '༌', '།', '༎', '༏', '༐', '༑', '༒', '༓', '༔', '༕',
              '༖', '༗', '༘', '༙', '༚', '༛', '༜', '༝', '༞', '༟',
```

```
        '༠', '༡', '༢', '༣', '༤', '༥', '༦', '༧', '༨', '༩', '༪',
        '༫', '༬', '༭', '༮', '༯', '༰', '༱', '༲', '༳', '༴', '༵',
        '༶', '༷', '༸', '༺', '༻', '༼', '༽', '༾', '༿', '྾', '྿',
        '࿀', '࿁', '࿂', '࿃', '࿄', '࿅', '࿆', '࿇', '࿈', '࿉', '࿊',
        '࿋', '࿌', '࿎', '࿏', '࿐', '࿑', '࿒', '࿓', '࿔', ' ', ' ',
        ' ', ' ', '࿙', '࿚']
```

② 在 main 函数中编写窗口布局代码：

```
if __name__ == '__main__':
    style = Style(theme='lumen')
    window = style.master
    window.title('基于哈希表的多文件藏文音节统计')   # 标题
    window.geometry('820x500+600+300')   # 窗口尺寸+窗口初始距离屏幕左上角的位置
    # window.resizable(False, False)
    # Silver

    '''
        窗口含有两个 Frame，一左一右将窗口分为两部分
        fram2：包含所有的按钮控件放在右侧
        fram1：包括除了按钮之外的其他控件
    '''
    fram1 = Frame(window, relief="sunken")
    label = tk.Label(fram1, text='统计文本所在的文件夹：', font=('黑体', 12))
    label.pack(side='top', anchor='nw', pady=10)

    text = tk.Entry(fram1, width=88)
    text.pack(anchor='nw', ipady=5, expand='yes')

    text1 = scrolledtext.ScrolledText(fram1, width=50, height=15)
    font_text = tkFont.Font(family='Arial', size=16)
    text1.configure(font=font_text)
    text1.pack(anchor='nw', pady=20, expand='yes')
    fram1.pack(side='left',padx='20')

    fram2 = Frame(window, relief="sunken")
    bt1 = tk.Button(fram2, text='打开文件夹', width=15, height=2, command=open_file)
    bt1.pack(anchor='e', padx=20, pady=30, expand='yes')
    # bt1.place(x=690, y=20)

    bt2 = tk.Button(fram2, text='统计', width=15, height=2, command=Count_Tibetan)
    bt2.pack(padx=20, pady=40, expand='yes')

    bt3 = tk.Button(fram2, text='保存', width=15, height=2, command=save_file)
```

```
    bt3.pack(padx=20, pady=40, expand='yes')

    bt4 = tk.Button(fram2, text="退出", width=15, height=2, command=window.destroy)
    bt4.pack(padx=20, pady=40, expand='yes')
    fram2.pack(pady=10, expand='yes')
    window.mainloop()  # 显示+
```

主程序对话框窗口设计结果如图 16-4 所示。

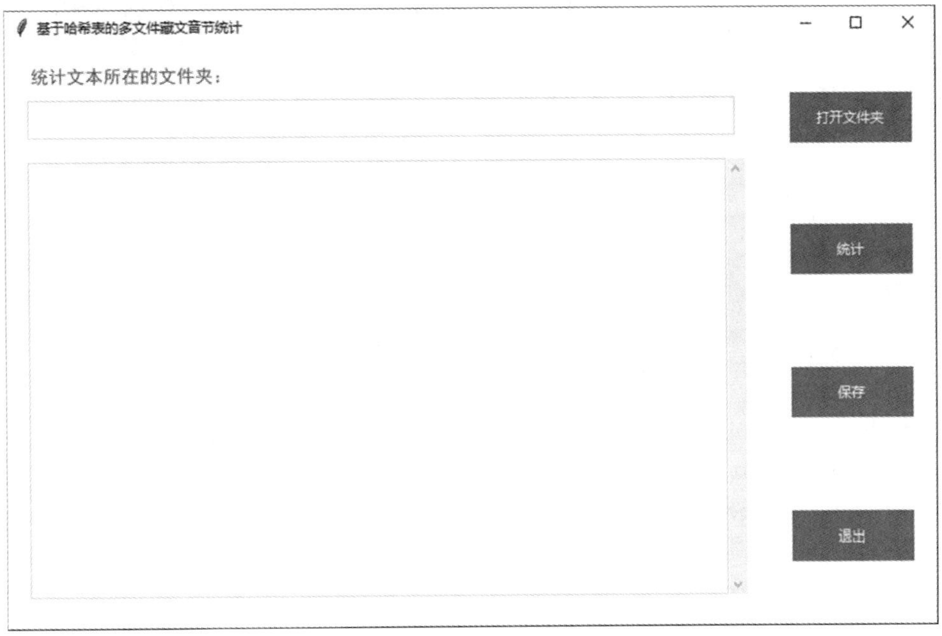

图 16-4　主程序的对话框

（2）编写【打开文件夹】、【保存】和【统计】按钮的关联函数。

① 添加【打开文件夹】按钮的关联函数：

```
def open_file():
    global essay
    window.update()
    text1.delete('1.0', 'end')
    # 设置打开的默认位置
    files = filedialog.askopenfilename(title=u'选择文件夹', initialdir=(os.path.expanduser('S:/Pycharm/
installed/WorkPlace_defualt/Master_Work/First_year/Algorithm analysis')),
                                       multiple=True)
    text.insert('insert', f'加载文件地址：')

    for file_path in files:
        if file_path is not None:
            try:
                with open(file=file_path, mode='r', encoding='utf-8') as f:
                    essay = f.read()
                    if (len(essay) < 12000):
```

```
                text1.insert('insert', f'{essay}')
            else:
                text1.insert('insert', '文本已加载，由于文本数量过多，暂不显示在组件内')

    except Exception as e:
        print(str(e))
        messagebox.askokcancel(title='警告', message='文件加载异常，请重新加载文件')
        text1.insert('insert', f'加载文件异常：{str(e)}，请重新加载文件')
```

② 添加【保存】按钮的关联函数：

```
def save_file():
    global file_path
    text_str = text1.get('2.0', 'end')
    file_path = filedialog.asksaveasfilename(title=u'保存文件')
    print('保存文件：', file_path)
    if file_path is not None:
        with open(file=file_path, mode='w', encoding='utf-8') as f:
            f.write(text_str)
        result = messagebox.askokcancel(title='提示', message='文件已保存')
        if (result):
            print('保存完成')
        else:
            print('保存失败')
```

（3）添加【统计】按钮的关联函数：

```
def Insert_elem(Tibetan, id):
    fin = False # 标记是否在表中找到传入的音节
    for word in words_count[id]: # word[0]是音节
        if (word[0] == Tibetan): # word[1]是频度
            word[1] += 1
            fin = True
    # 不存在此音节。向散列表中添加此音节并将其数量设置为 1
    if (fin == False): words_count[id].append([Tibetan, 1]) # 模拟链地址法解决冲突


def Count_Tibetan():
    global essay
    timeA = time.time()
    text1.delete('1.0', 'end')
    s = ''
    for i, ch in enumerate(essay):
        # 如果是藏字构字符，添加进 s 的尾部
        if ('\u0F00' <= ch <= '\u0FDA' and ch not in split_char):
```

```
                s += ch
                continue
        # 当前 ch 为非藏字构字字符
        else:
            if(s!=''): # s 不为空，存储的就是一个藏文音节
                # 计算 s 的 Hash 值
                id = 0
                for pos, char in enumerate(s):
                    id += (id_m[char]) ** 3 - pos ** 2
                id = id % 18785
                # 将 s 插入散列表
                Insert_elem(s, id)
                s = ''

    timeB = time.time()
    text1.insert('insert', f'用时：{timeB - timeA}秒\n')
    # 藏文音节统计
    for words in words_count:
        for word in words:
            text1.insert('insert', f'{word[0]} : {word[1]:>8}\n')
```

16.4.2 代码使用说明

（1）运行程序界面如图 16-5 所示。

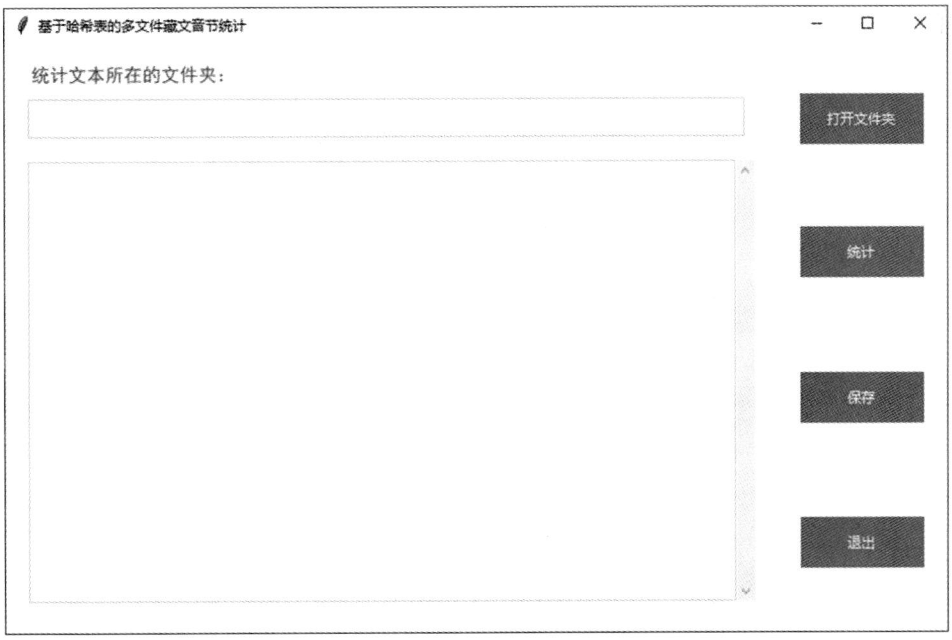

图 16-5 程序界面

（2）点击【打开】按钮打开文件夹选择窗口，如图 16-6 所示，按住键盘上的 Ctrl 键选择需要待统计的文件，点击【确定】按钮。

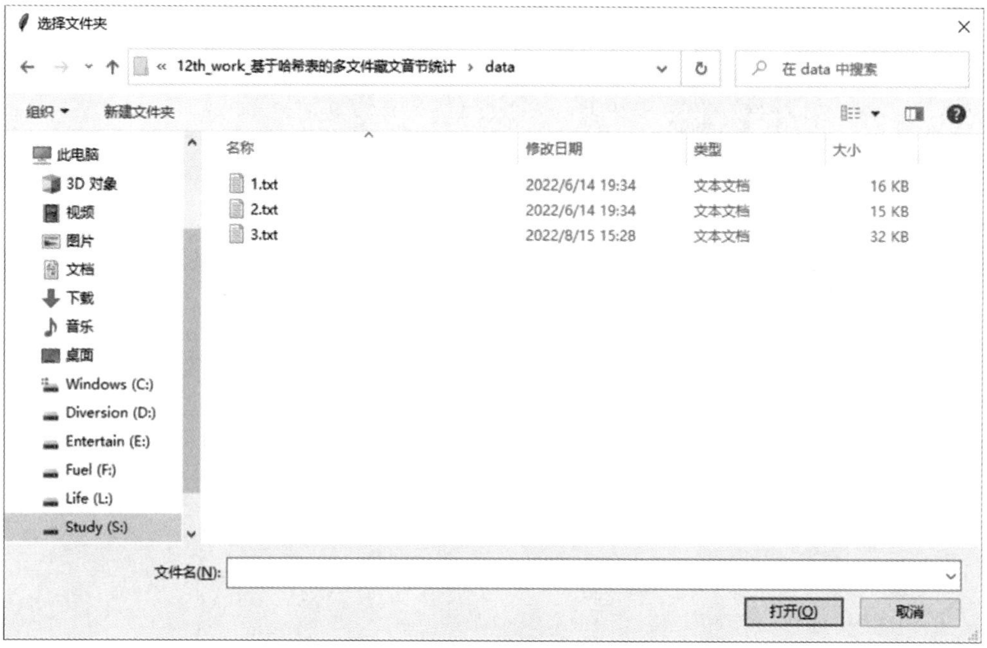

图 16-6 “打开”对话框

（3）点击【统计】按钮则开始统计藏文音节，统计结束后显示统计时间、藏文音节及其对应数量，如图 16-7 所示。

图 16-7 “统计”结果

16.5 运行结果

16.5.1 运行结果

按照以上程序，对多个连续的藏文文本进行音节统计，结果如图 16-8 所示。

图 16-8 程序运行结果

16.5.2 讨论

1. 不同算法的时间比较

第 14 章中实现了基于字典的单文件藏文音节动态统计，本章实现了基于 Hash 表的多文本藏文音节动态统计。本章采用了如下的 Hash 函数：

```
for pos, char in enumerate(s):
        id += (id_m[char] ) ** 3 - pos ** 2
id = id % 18785
```

考虑到藏文音节（不包括黏着词）总共有 18 785 个，经过测试将 Hash 表的值扩充到 20 000 个提升的效果也不大，为了使得空间的利用率更高，选择了以下散列函数，即

$$H_1(\text{key}) = \left\{ \sum_{i=0}^{\text{len}(s)} (\text{key}_i^3 - \text{pos}^2) \right\} \%18785$$

经测试发现，用同一文本测试基于字典存储和基于 Hash 表的藏文音节动态统计，统计结果一致，说明两个程序虽原理和结构不同，但都能正确地统计出藏文音节的频次，即程序的基本功能是正确的。基于字典存储的藏文音节动态统计用时为 3 432.33 s，而基于 Hash 表的藏文音节动态统计用时只有 42.48 s。两者用时相差 80 倍，明显地看出基于 Hash 表的藏文音节字动态统计优于基于字

典存储的藏文音节字动态统计。

2. 优化 Hash 函数

上述 Hash 函数采用链地址法解决了冲突。理论上一个藏文音节 8 个字符，藏文音节最大的哈希值为 18 784，开辟了 18 785 个存储空间后，以第 3 章生成的 18 785 个藏文音节进行测试，装载因子可以达到 10 973/18 785=58%，空余度为 42%。

实验中，增加两个变量分别记录藏文总音节数和总查找次数。一个测试文本的藏文总音节数为 8 427 152 个，总查找次数为 12 304 317 次，查找的平均长度为

$$ASL_1=12\ 304\ 317/8\ 427\ 152 \approx 1.460\ 01$$

16.6 算法分析

16.6.1 时间复杂度分析

本算法中频次最高的操作是查找，即在 Hash 表中查找待插入藏文音节的位置，如果查找失败则生成新结点，插入该藏文音节字，其频度设为 1；如果查找成功，则在链表中查找，找到后其频度加 1，如果该藏文音节不存在于链表中，则在链表尾部插入该音节字的结点，并设其频度为 1。

若藏文文本中有 n 个藏文音节，则：

最好情况：Hash 表没有冲突，每个元素插入一个位置上，每个元素的查找时间为 $O(1)$，总时间为：$T(n)=O(n)$。

最坏情况：所有的元素落到 Hash 表中一个位置上，该位置会形成一个具有 m（m 为文本中不同的藏文音节数）个元素的顺序表，则每个元素的平均查找时间复杂度为

$$\frac{1}{m}\sum_{i=1}^{m} i$$

则总时间复杂度为

$$\frac{n}{m}\sum_{i=1}^{m} i$$

平均情况：时间复杂度就是一个音节的平均查找 ASL，则总时间：

$$T(n) = O(n\times \text{ASL})$$

其中，ASL 是一个较小的常数，即

$$T(n) = O(n)$$

16.6.2 空间复杂度分析

1. 数据存储空间

读入所有文本文件，用 1 个变量存储文件的所有字符，占用的空间大小是所有文本的总字符数 n。

2. 辅助存储空间

（1）存储 Hash_Node 结点的列表 words_count，其空间大小为 18 785，即 $O(1)$。

（2）存储藏文构字符初始 id 值的表，空间大小为 124，即 $O(1)$。